国家出版基金项目
NATIONAL PUBLICATION FOUNDATION

"十二五""十三五"国家重点图书出版规划项目

风力发电工程技术丛书

风力发电机组故障诊断技术

杨锡运 郭鹏 岳俊红 等 编著

U0294476

中国水利水电出版社
www.waterpub.com.cn
·北京·

内 容 提 要

本书是《风力发电工程技术丛书》之一，随着我国大量风力发电机组并网发电，了解风力发电机组相关部件的故障诊断技术对减少损失，提高效益意义重大。本书介绍了风力发电机组主要部件的结构特点、常用的故障诊断方法、运行维护事项和故障诊断的工程案例，内容包括叶片、齿轮箱、发电机、变桨系统、变流器的故障诊断技术。本书力求理论联系实际，内容通俗易懂，具有较强的针对性和实用性。

本书可作为从事风力发电机组运营、维护和管理的工程技术人员的学习、培训用书，也可作为风电工程领域研发人员和高等院校研究人员阅读参考。

图书在版编目（ＣＩＰ）数据

风力发电机组故障诊断技术 / 杨锡运等编著. -- 北京 ： 中国水利水电出版社，2015.8(2023.8重印)
（风力发电工程技术丛书）
ISBN 978-7-5170-3588-6

Ⅰ. ①风… Ⅱ. ①杨… Ⅲ. ①风力发电机－发电机组－故障诊断 Ⅳ. ①TM315

中国版本图书馆CIP数据核字(2015)第208947号

书　　名	风力发电工程技术丛书 **风力发电机组故障诊断技术** FENGLI FADIAN JIZU GUZHANG ZHENDUAN JISHU
作　　者	杨锡运　郭鹏　岳俊红　等 编著
出版发行	中国水利水电出版社 （北京市海淀区玉渊潭南路 1 号 D 座　　100038） 网址：www．waterpub．com．cn E - mail：sales@mwr．gov．cn 电话：（010）68545888（营销中心）
经　　售	北京科水图书销售有限公司 电话：（010）68545874、63202643 全国各地新华书店和相关出版物销售网点
排　　版	中国水利水电出版社微机排版中心
印　　刷	天津嘉恒印务有限公司
规　　格	184mm×260mm　16 开本　11.75 印张　278 千字
版　　次	2015 年 8 月第 1 版　2023 年 8 月第 3 次印刷
印　　数	4001—5000 册
定　　价	**68.00 元**

主要参编单位 （排名不分先后）

河海大学

中国长江三峡集团公司

中国水利水电出版社

水资源高效利用与工程安全国家工程研究中心

华北电力大学

水电水利规划设计总院

水利部水利水电规划设计总院

中国能源建设集团有限公司

上海勘测设计研究院

中国电建集团华东勘测设计研究院有限公司

中国电建集团西北勘测设计研究院有限公司

中国电建集团中南勘测设计研究院有限公司

中国电建集团北京勘测设计研究院有限公司

中国电建集团昆明勘测设计研究院有限公司

长江勘测规划设计研究院

中水珠江规划勘测设计有限公司

内蒙古电力勘测设计院

新疆金风科技股份有限公司

华锐风电科技股份有限公司

中国水利水电第七工程局有限公司

中国能源建设集团广东省电力设计研究院有限公司

中国能源建设集团安徽省电力设计院有限公司

同济大学

华南理工大学

丛书总策划　李　莉

编委会办公室

主　　　　任　胡昌支　陈东明

副　主　任　王春学　李　莉

成　　　员　殷海军　丁　琪　高丽霄　王　梅　邹　昱

　　　　　　张秀娟　汤何美子　王　惠

前　言

当前，人类面临能源危机和环境问题日益突出，能源节约和可再生能源开发利用越来越受到重视。风力发电作为可再生能源发电的主要方式之一，近年来日益蓬勃发展。随着我国风电装机容量快速增加，风电大型机组技术在成熟化和产品商品化同时，也面临提高并网风力发电机组运营效率，减少机组部件故障率的强大市场需求。面对装机容量的快速增长和工程技术从业人员增多，市场上针对并网运营风力发电机组主要部件的故障诊断和维护技术的指导书还很匮乏。作者结合多年来进行风力发电机组故障诊断理论研究和故障诊断工程案例的实践经验编写了此书，以期对从事风力发电机组运营、管理和风电开发的工程技术、研究人员有一定帮助。

本书分 6 章，分别介绍了风力发电机组常见故障诊断方法、叶片、齿轮箱、发电机、变桨系统、变流器的相关故障诊断技术和知识。由于风力发电机组故障诊断技术涉及多学科内容，为适应不同专业知识背景的读者，本书力求理论联系实际，内容通俗易懂，避免繁琐的数学推导，增强其实用性。

本书第 1 章由杨锡运编写，全书的所有故障诊断工程案例部分由岳俊红编写，其余部分第 2 章由郭鹏编写，第 3 章由杨锡运编写，第 4 章由杨锡运、郭鹏编写，第 5 章、第 6 章由杨锡运编写，全书由杨锡运统稿。在本书的编写过程中，荣兴汉、陈铁、丁显、赵小明、张悦超、宋中波参加了故障诊断工程案例的编写工作，硕士研究生关文渊、崔家文、曹超、迟冰也参加了部分内容的文字整理工作，徐大平教授、柳亦兵教授对本书编写提供了大力支持，在此一并表示感谢。

本书在编写过程中，参考了国内外有关文献资料，在此谨向相关文献资料的作者表示诚挚的谢意。

由于作者水平有限，书中难免有不妥和错误之处，恳请广大读者批评指正。

作者

2015 年 5 月 7 日

目　录

第1章 绪 论

随着世界经济的发展，人类对能源的需求不断增长。目前，煤、石油、天然气为人类社会主要能源，由于这些化石能源不可再生，能源危机日益加剧。为了实现人类社会未来的可持续发展以及解决化石能源带来的环境问题，大力发展新型能源成为世界各国的共识。风是一种自然界中可再生、无污染而且储量巨大的能源，开发利用风力资源对于缓解能源短缺、保护生态环境具有重要意义。风力发电作为可再生能源利用的一种有效方式，在全球受到了极大的关注并获得快速发展。近年来，我国的风电事业蓬勃发展，尤其在2006年《中华人民共和国可再生能源法》颁布后，将可再生能源（风能、太阳能、水能、生物质能、地热能、海洋能等非化石能源）开发利用的科学技术研究和产业化发展列为科技发展与高技术产业发展的优先领域后，我国风电场规模日益扩大，风力发电机组单机容量不断增大；且风力发电机组由原来的引进进口设备，发展到自己生产、设计的国产化风电机组。在我国，风力发电机组技术正朝着增大单机容量、设计低风速区风能利用机型、提高转换效率、开发海上风力发电机组等方向发展；同时，值得注意的是，伴随着风力发电机组种类和数量的不断增加，新机组的不断投运，旧机组的不断老化，风力发电机组在运行中产生了各种故障，出现了各种损坏的部件，严重影响了设备的运行效率。因此，研究和掌握风力发电机组的故障分析和诊断技术具有重要的意义和巨大的市场需求。

1.1 风能及特点

1.1.1 风能的形成

风是空气流动的现象。地球被一个数千米厚的空气层包围着，由于大气中热力和动力的空间不均匀性，形成了空气相对于地球表面的运动。空气有一定的质量，因此空气的流动就具有一定的动能，这就是人类可以利用的风能。动能的物理描述为 $E = \frac{1}{2}mv^2$，因此风能的大小与两个重要指标紧密相关：由空气密度决定的空气质量以及风速。

大气运动的能量来自太阳，风能是太阳能的一种转化形式。由于地球上各纬度所接受的太阳辐射度强度不同，其温度也会有所不同。赤道和低纬度地区，太阳高度角大，日照时间长，太阳辐射强度大，地面和大气接收的热量多、温度较高；高纬度地区，太阳高度角小，日照时间短，地面和大气接受的热量少、温度低。这种高纬度和低纬度之间的温度差异，形成了气压梯度，在不均匀的压力下，推动了大气运动形成了风，风的方向从高压吹向低压。

除了气压梯度外，大气运动还受到地转偏向力、摩擦力和惯性离心力的影响。地转偏向力，又称为科里奥氏力，是地球自转产生的力，这种力使北半球气流向右偏转，南半球气流向左偏转。摩擦力是地表面对气流的拖拽力（地面摩擦力）或气团之间的混乱运动产生的力（湍流摩擦力）。惯性离心力是使气流方向发生变化的力。

1.1.2 风能的特点

了解风的形成，有助于我们科学地利用风能。风能通常具有如下特点：

（1）不稳定性。风的形成受时间、气候、地理环境的影响，因此每一个时间点和空间点上，风的大小和方向都在变化。风能的这种不稳定性，使利用风能时有许多问题需要解决。

（2）从地球表面起，风速的大小随着距离地面高度的升高而增大。

在空气相对于地表的运动过程中，靠近地球表面的区域，由于受到地表植被、建筑物等地表摩擦阻力的影响，会使大气流动受阻，风速降低。这就是风力发电机组的轮毂高度都安装在地势相对高的地方的原因，目前我国运行的单机容量3MW以下的兆瓦级风电机组的轮毂高度通常在65～90m。

通常将2km以上、远离地面、不受地面摩擦力影响的大气层称为"自由大气层"；将2km以内、靠近地区表面、受地表摩擦阻力影响的大气层区域称为"大气边界层"。从工程角度，通常将大气边界层可划分为三个区域：距离地面2m以内区域称为底层；距离2～100m的区域称为底部摩擦层（也称为常值通量层），该层内湍流黏性力为主导力，风速随高度增长；100～2000m的区域称为上部摩擦层（也称为艾克曼层），科里奥氏力在该层中很重要，风向随高度增加逐渐向右偏转。底层和底部摩擦层又统称为地面边界层。

垂直于风向的平面内，风速随高度的变化称为风切变（风剪切）。在距地面高度100m范围的地面边界层内，计算风速随高度变化规律的经验公式很多，目前多数国家采用指数公式，即

$$\overline{v} = \overline{v}_1 \left(\frac{z}{z_1} \right)^{\alpha} \tag{1-1}$$

式中 $\overline{v}$——距地面高度为z处的平均风速，m/s；

      $\overline{v}_1$——高度为z_1处的平均风速，m/s；

      z、z_1——不同距地面高度；

      α——风切变经验指数，它取决于大气稳定度和地面粗糙度，表1-1列出不同地面状态下的风切变的经验指数值。

表1-1   不同地面状态下的风切变经验指数值

地 面 情 况	α	地 面 情 况	α
光滑地面，海洋	0.10	树木多，建筑物少	0.22～0.24
草地	0.14	森林，村庄	0.28～0.30
较高草地，城市地	0.16	城市高建筑	0.40
高农作物少量树木	0.20		

（3）空气密度随海拔的升高而逐渐减小。当在海拔较高的地区规划风电场时，尽管风速很高，但由于空气质量小，风能并不一定大。

1.1.3 风功率密度

规划建设风电场时，需要对当地风能资源做出评估。风能资源的丰富程度常用风功率密度表示。

风功率密度 W 是指空气在单位时间（1s）内以速度 v 流过单位面积（1m²）产生的动能。

$$W = \frac{1}{2}mv^2 = \frac{1}{2}\rho v \cdot v^2 = \frac{1}{2}\rho v^3 \tag{1-2}$$

由于风速是随时间变化的，在风资源评估时，常用一段时间的平均值（平均风功率密度 $\overline{W}$）来描述。平均风功率密度可用直接计算法和概率计算法求出。

1. 直接计算法

直接计算法求出平均风功率密度为

$$\overline{W} = \frac{1}{T}\int_0^T \frac{1}{2}\rho v^3(t)\,\mathrm{d}t = \frac{\sum_{i=1}^{n} 0.5\rho v_i^3 t_i}{T} \tag{1-3}$$

$$\sum t_i = T$$

式中 t_i——在风速 v_i 的持续时间；

n——时间分段数。

例如，将某地区一年每天 24h 逐时测得的风速，按一定间隔（比如间隔为 1m/s）分成各风速等级，如 $v_1=3\mathrm{m/s}$、$v_2=4\mathrm{m/s}$、…；然后根据各等级风速在该年出现的累计小时数 t_1、t_2、…分别求出各风速下的风功率密度$\left(t_i \times \frac{1}{2}\rho v_i^3\right)$；再将各等级风功率密度求和后除以总时数 T，即

$$\overline{W} = \frac{\sum 0.5\rho v_i^3 t_i}{T} \tag{1-4}$$

则求出该地区一年的平均风功率密度。

2. 概率计算法

概率计算法是通过某种概率分布函数拟合风速 v 频率的分布，进而再计算得到平均风功率密度。

一般风速 v 的概率分布函数可以采用威布尔公式来描述，即

$$f(v) = \frac{k}{c}\left(\frac{v}{c}\right)^{k-1}\mathrm{e}^{-\left(\frac{v}{c}\right)^k} \tag{1-5}$$

式中 k——形状参数，反映风速的分布情况，k 值越大，说明风速分布越集中；

c——尺度参数，与平均风速相关，平均风速越大，c 值越大。

c、k 值可利用风速观测数据，通过最小二乘法、方差法和最大值法等估计获得。图 1-1 给出了某地的实测风速的直方图和平均风速概率分布曲线。

已知风速的概率分布曲线，可以用两种方法计算平均风功率密度。一种方法是：利用

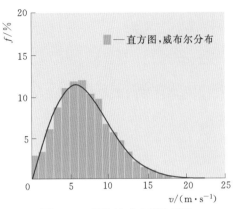

图 1-1　某地的直方图和平均
风速概率分布曲线

平均风速概率分布曲线，先求出各等级风速 v_i 出现的累计出现的时间 t_i，各段风速 v_i 该年出现的累计小时数按下式计算：$t_i = 8760 \times f(v_i)$，其中 8760 的含义是 1 年有 8760h；然后分别求出各风速下的风功率密度 $\left(t_i \times \dfrac{1}{2} \rho v_i^3\right)$；再将各等级风功率密度求和后除以总时数 T，即

$$\overline{W} = \frac{\sum 0.5 \rho v_i^3 t_i}{T} = \frac{\sum 0.5 \rho v_i^3 \cdot 8760 f(v_i)}{T}$$

(1-6)

则求出该地区一年的平均风功率密度。

另一种方法是：利用平均风速概率分布曲线，确定了风速 v 的概率分布函数的数学表达式后，再采用积分形式的公式方法计算平均风功率密度。

当风速 v 在 $[v_m, v_n]$ 范围内变化，以风速 v 的概率分布函数（取威布尔分布）为例，采用积分法计算出平均风功率密度：

$$\overline{W} = \frac{1}{2} \rho \frac{\int_{v_m}^{v_n} \frac{k}{v} \left(\frac{v}{c}\right)^{k-1} e^{-\left(\frac{v}{c}\right)^k} v^3 dv}{e^{-\left(\frac{v_m}{c}\right)^k} - e^{-\left(\frac{v_n}{c}\right)^k}} - \left(\frac{v}{c}\right)^k$$

(1-7)

风功率密度受风速、风速分布和空气密度的影响，是风场风能资源的综合指标，风功率密度等级见表 1-2。

表 1-2　风功率密度等级表

风功率密度等级	距地面高度 10m		距地面高度 30m		距地面高度 50m		应用于并网风力发电
	风功率密度 /(W·m^{-2})	年平均风速参考值 /(m·s^{-1})	风功率密度 /(W·m^{-2})	年平均风速参考值 /(m·s^{-1})	风功率密度 /(W·m^{-2})	年平均风速参考值 /(m·s^{-1})	
1	<100	4.4	<160	5.1	<200	5.6	
2	100~150	5.1	160~240	5.9	200~300	6.4	
3	150~200	5.6	240~320	6.5	300~400	7.0	较好
4	200~250	6.0	320~400	7.0	400~500	7.5	好
5	250~300	6.4	400~480	7.4	500~600	8.0	很好
6	300~400	7.0	480~640	8.2	600~800	8.8	很好
7	400~1000	9.4	640~1600	11.0	800~2000	11.9	很好

注　1. 不同高度的年平均风速参考值是按风切变指数为 1/7 推算的。

　　2. 与功率密度上限值对应的年平均风速参考值，按海平面标准大气压及风速频率符合瑞利分布的情况推算。

1.1.4　平均风向

风吹来的方向，称为风向。风向用角度或方位描述，取正北方向为基准（0°），按顺时针方向确定风向角度。如：东风对应的风向角度为 90°，南风的风向角度为 180°，西风的风向角度为 270°，北风的风向角度为 360°。图 1-2 给出了常用的风向方位图，即把圆周 360°分成 16 等分，16 个方位的中心如图 1-2 所示，每个方位的范围是 22.5°。

风向的频率是指在一定时间内，各种风向出现的次数占所有观察次数的百分比。某一风向在一年或一个月中出现的频率常用风向玫瑰图表示。风向玫瑰图是根据风向在各方位上出现的频率值，以相应的比例长度标出，然后把这些点连接起来，绘制的形状宛如玫瑰花朵的概率分布图，如图 1-3（a）所示；也可以用风向在 16 个方位上出现的频率表示，如图 1-3（b）所示。图 1-3 中各个圆的半径代表一定的频率值。

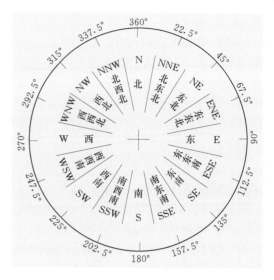

图 1-2 风向方位图

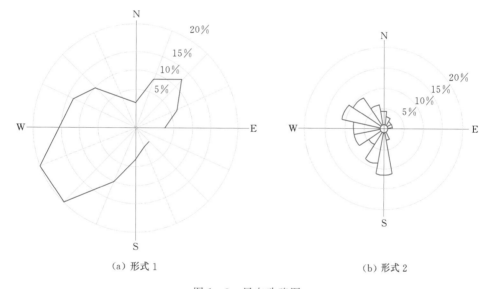

（a）形式 1 （b）形式 2

图 1-3 风向玫瑰图

1.2 风力发电发展概况

1.2.1 风力发电的历史

风能利用是将风的动能转换成其他可利用的能量形式。人类利用风能的历史悠久，最早的利用方式是"风帆行舟"。几千年前，古埃及人的风帆船就在尼罗河上航行；中国商代便出现帆船，15 世纪中叶，明朝的航海家郑和使用帆船七下西洋。在蒸汽机出现以前，风力机械是人类的主要动力来源之一。风车使用的起源可追溯到 3000 年前，其用途主要是提水、锯木和推磨等，欧洲一些国家至今仍然保留着许多风车。随着化石能源的开采及利用，尤其是火力发电技术的大规模应用，风能作为动力逐渐退出历史舞台。

风力发电有两种方式：①小型离网型风力发电机组，即单台独立运行，可为蓄电池充电，再通过逆变器转换成交流电向终端用户供电，通常单机容量较小，主要用于解决用电不方便的小社区的用电问题，如海岛、人烟稀少的牧区等；②并网型风力发电机组，与电网并联运行，是目前大规模使用的风力发电方式，机组单机容量多在兆瓦级以上，如我国目前陆上风力发电机组以单机容量 1.5MW 和 2MW 最为普遍，同时单机容量有增大的趋势。

风力发电的历史起于 19 世纪晚期。1887 年年底，美国人 Charles F. Brush 研制出功率 12kW 直流风力发电机组，用来给家里的蓄电池充电。该机组风轮直径 17m，安装了 144 个叶片，运行了近 20 年。

丹麦物理学家 Poul La Cour 根据其风洞试验研究结果，发现叶片数少、转速高的风轮更具有高效率，提出了"快速风轮"的概念，即叶尖转速高于风速，并于 1891 年建造了具有现代意义的风力发电机组，功率 30kW，输出直流电，用于制氢，供附近小学的汽灯照明，运行至 1902 年。

1919 年，德国科学家 Albert Betz 提出了"贝茨理论"，指出风能的最大利用率为 59.3%，奠定了现代风电机组空气动力学设计的基础。

1925 年，芬兰工程师 Sigurd Savonius 发明了一种阻力型垂直轴风力发电机组类型，称为"Savonius"机组；1931 年，法国工程师 Georges Darrieus 发明了另一种升力型垂直轴风力发电机组，称为"Darrieus（达尔厄）机组"。

美国工程师 Palmer Cosslet Putnam 首先提出风电并网的设想，并与 S. Morgan Smith 公司合作，于 1941 年制造出风电发展史上单机容量 1250kW 的超大型 Smith-Putam 风力发电机组，并实现并网发电。该机组两叶片，风轮直径 53.3m，塔架高度 32.6m，每个叶片重量达到 8t。但在当时技术条件下，该机组只运行了 4 年，就发生了叶片折断事故。

1942 年，德国人 Ulrich Huetter 提出"叶素动量理论"，1957 年建成了单机容量 100kW 的 W-34 型风电机组。该机组两叶片，风轮直径 34m，叶片用优化的细长结构。1956 年，丹麦人 Johannes Juul 建造了单机容量 200kW 的三叶片风力发电机组 Gedser，并实现并网发电，运行至 1967 年。该机组采用固定叶片，风轮定速旋转，异步发电机发电，被称为"丹麦概念的风力发电机组"。这两台风电机组的许多设计思想和试验数据对后来的现代大型风电机组的设计产生了重要影响。

1973 年石油危机后，西方各国政府为寻求替代化石燃料的能源，促进了对风力发电的重视，开创了风能利用的新时期，开始建造了一系列示范试验机组。1981 年，美国建造并试验了单机容量 3MW 的新型水平轴风力发电机组，该机组利用液压偏航对风。

进入 20 世纪 90 年代，环境污染和气候变化引起人们注意，在欧洲，如丹麦、德国、西班牙，风力发电开始了商业规模化并网运行。目前，商业化运行的风力发电机组实现了变桨距、变速调节运行，风力发电机组也由陆地走向了海上。

1.2.2　我国风力发电的发展

我国现代风力发电机组开发利用起源于 20 世纪 70 年代，当时设计的 55kW 以下的小型离网型风力发电机组，解决了边远用户的用电问题。20 世纪 80 年代后，我国开始研究并网型风力发电机组。1986 年，中国第一个风电场在山东荣成并网发电，3 台单机容量 55kW 的风力发电机组由丹麦引进，同年，比利时政府赠送的 4 台单机容量 200kW 的风力发电机组建成了平潭示范风电场。20 世纪 90 年代，我国已基本掌握单机容量 200～600kW 的大型风力发电机组制造技术。进入 21 世纪，在世界范围内，能源和环境问题突出，我国风力发电逐渐进入高速发展时期。

2003 年以后，我国风力发电进入了快速发展时期。2006 年颁布《中华人民共和国可再生能源法》后，更加促进了我国风电市场的发展。2006 年，我国风电累计装机容量已经达到 2600MW，在世界上成为发展风力发电的主要市场之一，是全世界第 6 大市场。2007 年我国风电产业规模延续爆发式增长态势。2009 年我国成为第一大风电装机市场，新增装机容量 13750MW，累计装机容量达到 25800MW，超过德国，位列全球第二，兆瓦级风力发电机组占据市场的主导。自 2009 年以来，我国风电市场在经历多年的快速增长后步入稳健发展期，2013 年全国风电新增装机容量 16089MW，累计装机容量达到 91413MW。据世界风能协会统计，2013 年，全球风电装机容量为 318GW，中国风电装机容量在全球遥遥领先，达到 91.4GW，远高于美国（61.1GW）和德国（34.2GW）。截至 2014 年 6 月，中国风电累计装机容量已接近 100GW。

1.3　风力发电机组的结构及特点

1.3.1　风力发电机组的分类

风力发电机组是利用风轮将风的动能转换成机械能，再通过轴带动发电机发电、转换成电能的装置。图 1-4 以并网双馈型风力发电机组为例示出其工作原理图，风能通过叶轮的作用转化成机械能，机械能通过主轴的旋转、增速齿轮箱的增速、带动发电机发电，从而实现了机械能向电能的转换。并网型发电机通过相应的控制设备将满足电网要求的电能接入电网，向电网馈电。

图 1-4　风力发电机组工作原理图

风力发电机组的样式很多，从不同角度出发，对风力发电机组可进行以下分类。

1. 按并网方式分类

（1）离网型。一般指单台独立运行，所发出的电不接入电网的风力发电机组。通常需配蓄电池等直流储能环节，通过逆变器可带交流负载。这种机组容量较小，适用于家庭或村落等小用电单位。

（2）并网型。一般指产生的电能可直接并入电网的风力发电机组。一般以机群布阵成风力发电场，多为大型风力发电机组。

2. 按风轮旋转主轴与地面相对位置分类

（1）水平轴风力发电机组。即风轮旋转轴与地面平行。水平轴风力发电机组又可分为升力（Darrieus）型和阻力（Savonius）型。升力型风力发电机组利用叶片两个表面空气流速不同产生升力，使风轮旋转，升力型风轮旋转轴与风向平行，需对风装置，转速较高，风能利用系数高；阻力型风力发电机组利用叶片在风轮旋转轴两侧受到风的推力（对风的阻力）不同，产生转矩使风轮旋转，效率较低，很少应用。目前大型风力发电机组几乎全部为水平轴升力型，风能利用系数目前达到 0.4～0.5。

（2）垂直轴风力发电机组。风轮围绕一个与地面垂直的轴旋转，与风向无关，不需要对风装置，且风力发电机组的其他设备都可安置于地面，使结构和安装简化，便于检修。垂直轴风电机组也可分为阻力型和升力型两大类。但由于其风能利用系数低，目前一般在 0.3～0.35，目前未得到广泛应用。

3. 按运行方式分类

（1）定速恒频。在不同的风速下，风轮保持一定转速运行，与恒速发电机对应，发电频率恒定，不需要变流器环节。此类风力发电机组也称为定桨距失速型风力发电机组，其风轮桨叶与轮毂的连接是固定的，运行时桨距角不改变，高风速时，靠桨叶形状失速或叶尖扰流器动作，限制风轮捕获的风能，维持机组额定发电功率。此种运行方式的风力发电机组风能转换效率低，为提高风能转换效率，通常采用双速发电机。2000 年前进口的机组多为此种机型。由于在风速变化情况下，风力发电机组很少运行在最佳出力状态，故目前出产的兆瓦级以上机组已淘汰此种机型。

（2）变速恒频。在额定风速以下的不同风速段运行时，风轮转速可以连续进行调节，以维持最优叶尖速比，提高发电效率；在额定风速以上运行时，通过调整桨距角，限制风轮转速以保证输出额定的功率。由于发电机的转速是变化的，为保证提供恒频的电能并入电网，则必须采用相应的变速恒频技术。变速恒频运行的风力发电机组其控制系统较为复杂。对于采用双馈异步发电机形式的风力发电机组，其转子需通过变流器联入电网实现其变速恒频运行；对于永磁直驱同步发电机形式的风力发电机组，需通过全功率变流器接入电网实现变速恒频运行。风轮桨叶与轮毂的连接桨距角是可变调整的，在高于额定风速下，通过调节桨距角，从而限制了风轮的输出转矩和发电机功率。大型兆瓦级风电机组目前基本全部采用变速恒频运行方式，主流机型包括双馈型风力发电机组和永磁直驱式风力发电机组两大类。

4. 按传动机构分类

（1）齿轮箱升速型。风轮是低速旋转机械，发电机处于高速运行状态，因此低速的风轮和高速的发电机通过齿轮箱进行连接，齿轮箱完成升速作用。这样可以减小发电机体积、重量，降低发电机系统成本。

（2）直驱型。采用低速发电机，将低速风轮和低速发电机直接连接。发电机与电网之间通过全功率变流器连接，实现变速恒频。这种机型省去了齿轮箱装置，节省了运行时维护齿轮箱的工作量，避免了齿轮箱故障；但发电机复杂，成本高。

5. 按发电机分类

（1）异步型。根据发电机进行分类，又可分为：①笼型单速异步发电机；②笼型双速异步发电机；③绕线式双馈异步发电机。

（2）同步型。根据发电机进行分类，又可分为：①多级永磁同步发电机；②电励磁同步发电机。

1.3.2　风力发电机组的基本组成

风力发电机组功能是将风能转化为电能，且保证在各种风况、电网和气候条件下长期安全运行，并以最低的发电成本经济运行。由于风的速度和方向是随机变化的，风力发电机组安装在高空，各部件随时承受着交变载荷，因此风力发电机组对材料、工艺、结构和控制策略都有很高要求。为了使风力发电机组具有较高的运行效率，目前大型兆瓦级并网风力发电机组普遍采用水平轴风电机组形式，其基本结构如图 1-5 所示。

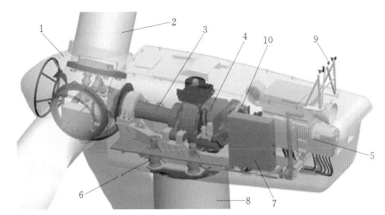

（a）整机形式　　　　　　　　　（b）风轮及机舱内部结构

图 1-5　风力发电机组的基本结构图

1—轮毂；2—桨叶；3—主轴；4—齿轮箱；5—发电机；6—偏航机构；7—控制器；
8—塔架；9—风速仪和风向标；10—机械制动器

1. 风轮系统

风轮系统由轮毂和叶片等部件组成，作用是将风能转换成机械能，传送到转子轴心。叶片大多为 3 个，具有空气动力学外形，在气流推动下产生力矩，推动风轮绕其轴转动，是大型风力发电机组中受力最为复杂的部件，其材料多为玻璃纤维和碳纤维等。叶片安装在轮毂上。轮毂是能固定叶片位置、并能将叶片组件安装在风轮轴上的装置。它是叶片根部与主轴的连接部件，所有叶片传来的力，都要通过轮毂传递到传动系统，再传到发电机。同时，轮毂与放在轮毂内的变桨距系统共同构成控制叶片桨距角（使叶片作俯仰转动）的关键部件。

风力发电机组的风轮系统目前有两种运行方式：①定桨距风轮系统；②桨距角可变的风轮系统。对于变桨距风力发电机组，轮毂内的空腔部分用于安装变桨距调节机构。

2. 塔架

塔架用于支撑叶轮和机舱，承受机组重量，同时还承受风载荷和运行中的各种动载荷，是风力发电机组的重要承载部件。根据风的形成可知，离地面越高，风速越大；因此随着风力发电机组单机容量和叶轮半径的增大，塔架高度越来越高。装机容量为 25kW 的风力发电机组塔架高度为 25m；而对于采用低速型大叶片的 2MW 大型风力发电机组，其塔架高度则可达 90m，叶片直径能达到 110m 左右。

塔架自身必须具有一定的高度、强度和刚度。目前使用的塔架形式有钢筋混凝土结构、桁架结构和圆锥形钢管结构等，陆上风电场应用较多的为圆锥形钢管结构。从设计与制造、安装和维护等方面看，这种形式的塔架指标相对比较均衡。在塔筒内部留有带攀爬保护装置的爬梯直通机舱以及休息平台、电缆管夹、照明灯等附件。

3. 机舱

风力发电机组在野外高空运行，工作环境恶劣，为了保护传动系统、发电机、控制装置等部件，将它们用轻质外罩封闭起来，这种外罩称为机舱。机舱内放置风力发电机组关键部件，包括主轴、齿轮箱、发电机、控制柜等。

4. 传动系统

传动系统由主轴、齿轮箱和联轴器等三部分构成。主轴的前端法兰与轮毂相连接，对轮毂传来的负载起支撑作用，并将扭矩传递给齿轮箱，将轴向推力和气动弯矩传给机舱和塔架。有的风力发电机组将主轴与齿轮箱的输入轴合为一体，也有的将主轴和齿轮箱的输入轴利用胀紧套或联轴节连接。

齿轮箱是风力发电机组中的重要机械部件，其作用是将风轮在风力作用下所产生的旋转机械能传递给发电机，并实现风轮转速与发电机转子转速的匹配。一般风轮的转速较低而发电机的转速较高，通过齿轮箱实现增速，因此齿轮箱也称为增速齿轮箱。不同厂家的风力发电机组，齿轮箱的结构形式有所不同。目前实际应用的机组中，最常见的形式是由行星齿轮系和平行轴轮系混合构成。

高速轴联轴器是齿轮箱和发电机之间的连接器件。齿轮箱的高速输出轴与发电机轴一般采用柔性联轴器。采用在高速轴上安装防止过载的柔性安全联轴器，不仅可以保护重要部件的安全，也可以降低齿轮箱的设计与制造成本。在运行期间，这个轴补偿二者的平行性偏差和角度误差。联轴器具有阻尼特性，以减少振动的传动。联轴器还要具有一定的阻抗和耐受电压，以防止寄生电流通过联轴器从发电机转子流向齿轮箱，对齿轮箱造成危害。联轴器的设计，需要同时考虑对机组的安全保护功能。在齿轮箱的输出轴与发动机轴的弹性连接器前端，安装有机械制动盘。

5. 发电机

发电机的作用是将风轮传来的机械能，利用电磁感应原理转换成电能，是风力发电机组的核心设备。所有并网型风力发电机组均利用三相交流电机将机械能转换成电能，常用的类型主要有：绕线式双馈异步发电机、低速永磁同步发电机、笼型异步发电机。由于风能是随机性的，风速的大小时刻变化，为提高风能转换效率，风轮转速按照最优叶尖速比的原则随风速变化而变化，这也就意味着采用变速运行方式的发电机的转速是随着风速变化的。发电机必须通过控制装置，依据风速大小及电能质量的需要，实现对风力发电机组的启动、并网、正常运行、停机、故障保护等操作，维持风力发电机组的安全经济运行。

6. 变桨系统

现代大型并网风力发电机组普遍采用变桨距型，其主要特征是叶片可以相对轮毂转动，进行桨距角调节。叶片的变桨距操作通过变桨系统实现。变桨系统位于轮毂内部，包括驱动电机、变距轴承、减速器、限位开关、变桨电池、变桨控制柜等设备。按照驱动方式，分为液压变桨和电气变桨两种。

7. 偏航系统

风力发电机组的对风装置又称为偏航系统。其作用是：针对风向瞬时变化的不稳定性，在有效风速范围内，使风轮的扫风面与风向保持垂直，以便风轮捕获最大的风能；在非可用风速范围下，能够90°侧风。偏航系统位于机舱和塔架顶端连接的位置，由偏航轴承、传动、驱动和制动等功能部件组成。大型风力发电机组主要采用电动偏航或者液压偏航驱动，其风向检测信号来自机舱上的风向标。偏航系统中设有自动解缆和扭缆保护装置，以避免在连续跟踪风向的过程中可能会出现的电缆缠绕情况。

8. 液压系统

液压系统是通过有压液体介质，实现动力传输和运动控制的机械单元。风力发电机组中液压系统主要应用于：①机械制动、风轮锁定；②齿轮箱油液冷却和过滤；③一些风力发电机组采用液压变桨距系统、液压偏航系统等。

9. 机械制动机构

当风力发电机组需要进行维修保养或运转异常及出现破坏性极端风速时，需要通过制动机构使风轮停止下来。大型并网风力发电机组包含气动制动机构和机械制动机构两部分。当风力发电机组停机时，首先执行气动执行机构，使风轮转速下降，然后再执行机械制动。当机组处于紧急制动情况时，将同时执行气动制动和机械制动。

变桨距风力发电机组的气动制动是通过变桨距调节系统改变三个叶片的桨距角实现的，通过将叶片桨距角调到顺桨位置，实现空气制动。

机械制动机构是一个液压动作的盘式制动器。制动盘用合金铸造，安装在齿轮箱高速输出轴和发电机轴的弹性联轴器前端，随轴转动。制动钳上摩擦片安装在制动盘两侧。制动时液压系统提供动力，推动制动钳上的摩擦片压向制动盘，通过摩擦力实现制动，使系统停机。制动系统具有自动闸瓦调节功能，即制动时，当闸瓦磨损后也不需要手动调整制动器。

10. 风速仪和风向标

风力发电机组只有在有效的风速下才能安全运行，且控制中还有许多算法需要输入风速、风向这两个变量。故采用风速仪和风向标来实现对风速和风向的测量。风杯式风速计和尾翼偏航式风向标较常见。近年来，高精度的超声波风向风速计在风力发电机组中大量应用。

11. 控制系统

控制系统的目的是完成机组信号检测、机组启动到并网运行发电过程的任务，并保证机组运行中的安全性，包括各种传感器、变桨控制器、变流器、主控器、机组控制安全链等。

1.4 故障诊断技术概述

1.4.1 故障诊断的含义

诊断（Diagnosis）一词原是医学名词，是医生收集病人症状，并根据症状进行分析处理，以判断患者的病因、严重程度，从而确定对患者的治疗措施与方案的过程。设备诊断技术借用了上述概念，是指利用各种检查方法和监视手段，通过对设备运行中各种特性的测量，了解及评估设备在运行过程中的状态，从而能早期发现故障的技术。其中，特征量的收集过程称为状态监测。诊断指故障诊断，含义是指特征量收集后的分析判断过程。设备的故障诊断有离线诊断和在线诊断，其目的是及时发现设备的潜在故障，通过分析故障形成原因，预防故障的进一步发生；尽可能排除设备故障，保证设备安全稳定运行，可靠发挥设备功能。

设备的故障诊断技术发展源于 20 世纪 60 年代，美国是最早研究的国家之一。自 1961 年执行阿波罗计划后，因设备故障造成的一系列事故促使美国宇航局倡导，由美国海军研究室主持成立美国机械故障预防小组，从事诊断技术的研发工作。20 世纪六七十年代，英国机器保健和状态监测协会开始研究故障诊断技术。我国是在 1979 年才初步接触设备诊断技术，目前在化工、冶金、航空、电力等领域有较好的应用。由于故障诊断技术是在基本不拆卸设备或设备运行中，了解设备的使用状态，确定设备正常与否，进而早期辨别设备的故障原因并制定相应的处理措施，因此对于提高设备安全经济运行具有重要意义。经过多年的研究和现场运行考核，国内外很多公司已成熟地开发出了设备状态监测与故障诊断系统，并进行了广泛的应用，如美国西屋公司的 GEN - AID 系统使得克萨斯州的 7 台发电机组的强迫停机率由 1.4％降到 0.2％，平均可用率从 95.2％升高到 96.1％；英国 CEGB 公司下属的 550MW 和 660MW 发电厂因机组故障每年损失 750 万英镑，应用故障诊断技术后，通过对机组振动故障原因的 5 次正确分析，就获得直接经济效益 293 万英镑。设备故障诊断技术经过半个世纪的发展，在理论上和实际上均取得很多进展。

1.4.2　故障诊断系统的性能指标

1. 检测性能指标

（1）早期检测的灵敏度：指一个故障检测系统对最小故障信号的检测能力。

（2）故障检测的及时性：指对象发生故障后，故障检测系统能够在尽可能短的时间内检测到故障发生的能力。

（3）故障的误报率和漏报率：系统没有发生故障却被错误的判定为出现故障的情形称为误报；系统中出现了故障却没有被检测出来称为漏报。

2. 诊断性能指标

（1）故障分离能力：指诊断系统对于不同故障的区分能力。分离能力强的系统，对故障的定位也就越准确。

（2）故障辨识的准确性：指诊断系统对故障大小、发生时刻以及随时间变化特性估计的准确性。故障辨识准确性高的系统，有利于对故障的评估和决策。

3. 综合性能指标

（1）鲁棒性：指故障诊断系统在存在干扰、噪声、建模误差等情况下正确完成故障诊断，并保持满意的漏报率和误报率的能力。鲁棒性高的诊断系统，其可靠性越高。

（2）自适应能力：指当被诊断对象变化时，故障诊断系统具有自适应能力，并且可以利用变化中产生的新信息改善自身性能的能力。

1.4.3 故障诊断的基本方法

对于设备的运行管理，早期是发生故障后再维修，称为事后维修；但对于大型复杂设备系统，这种突发性故障将造成巨大损失。其后，发展为定期试验和检修。定期试验和检修是离线进行的，所以无法随时监测设备，判断准确度有限。而设备故障诊断技术是以运行状态监测和故障诊断为基础的设备状态维修，因此在采取状态监测与故障诊断技术后，可以使设备由预防性维修向预知性维修（即状态维修）过渡，从到期必修过渡到该修则修，提高了设备运行效率和可靠性。

经过半个世纪的发展，故障诊断技术的发展大致经历了三个发展阶段。第一阶段，主要依靠专家或维修人员的个人经验和简单的仪表工具，实现一些简单设备的故障诊断；第二阶段，融合了传感器技术、动态测试技术及信号分析等方法，提高了故障诊断的准确度；第三阶段，智能故障诊断阶段，在前者的基础上应用了神经网络、模糊理论、遗传算法、粗糙集理论、数据挖掘、专家系统等计算机技术和人工智能技术，使故障诊断技术逐渐向智能化方向发展，实现复杂生产设备的故障诊断，给技术人员对大型设备的预知维修提供更便利的条件。

现有常用的故障诊断方法可分为基于解析模型的方法和不基于解析模型的方法。基于解析模型的方法可分为状态估计法、参数估计法和等价空间法等；不基于解析模型的方法可分为基于信号处理的方法和基于知识的方法等。故障诊断方法的分类如图1-6所示。

1.4.3.1 基于解析模型的方法

此方法是最早发展起来的，一般需要建立被诊断对象的较为精确的数学模型。该类方法应用在线系统辨识技术为系统实时的建立数学模型，当系统发生故障时，系统的输入输出关系就会改变，这些变化会反映到数学模型中，因此通过观测系统数学模型的参数变化，就可以判断系统是否存在故障。它可进一步分为状态估计法、参数估计法和等价空间法。这三种方法虽是独立发展起来的，但它们又存在着一定的联系。

1. 状态估计法

系统的运行状态可以通过被控对象的状态变量反应，因此通过估计出系统状态，并与适当模型结合就可以进行故障诊断。其基本思想是重构被控过程的状态。通过与可测变量比较构成残差序列，由于残差序列中包含各种故障信息，再构造适当的模型并用统计检测法，就可从残差序列中把故障检测出来，并做进一步分离、估计及决策。所谓残差，就是与被诊断系统的正常运行状态无关的、由其输入输出信息构成的线性或非线性函数。在没有故障时，残差等于零或近似为零（在某种意义下）；而当系统出现故障时，残差应显著偏离零点。1971年，Beard首先提出故障诊断的检测滤波器的概念，标志着基于状态估计的故障诊断方法的诞生。状态估计的获得通常可用各种状态观测器或滤波器实现，如卡尔曼滤波器法、自适应观测器法等。

2. 参数估计法

如果参数的显著变化可以描述故障，那么就可以利用估计参数值技术，根据参数的估计值与正常值之间的偏差情况来判断系统的故障情况。参数估计法根据模型参数及相应的

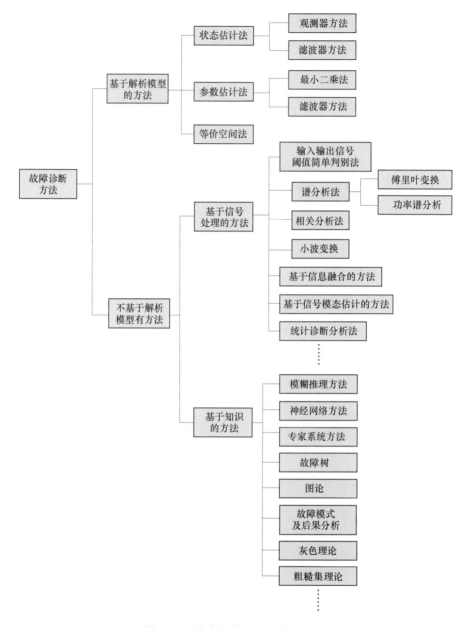

图1-6　故障诊断方法分类示意图

物理参数的变化量序列统计特性，来进行故障检测、分离和估计。1984 年，Iserman 对于参数估计的故障诊断方法作了完整的描述。图1-7 为基于参数估计的故障诊断框图。常用的参数估计法有最小二乘法、跟踪滤波法等。

3. 等价空间法

等价空间法的基本思想是通过系统输入、输出的实际测量值检验被诊断系统数学关系的一致性，从而进行故障诊断。等价空间法包括奇偶方差方法、方向性残差方法和约束优化的等价方程等方法。

1.4.3.2 基于信号处理的方法

当被控对象的输入输出信号可以获得，但很难建立诊断对象的解析模型时，可以采用基于信号处理的方法进行故障诊断。此类方法的主要思想是：对于采集到的信号，利用信号分析理论获得系统时域和频域中较深层次的多种特征向量，利用这些特征向量与系统故障源之间的关系判断故障源的位置。这种方法回避了建立对象数学模型的难点，而直接利用信号模型，如相关函数、高阶统计量、频谱和自回归滑动平均过程以及热门的小波分析等技术，直接分析可测信号，提取方差、均

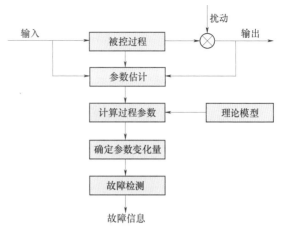

图 1-7 基于参数估计的故障诊断框图

值、幅值、相位、峭度、散度、频谱等特征值，从而识别和评估设备的状态。此方法主要用于诊断对象的解析模型难以建立，但系统的一些状态或者输出参数可以测量的系统。

1. 输入输出信号阈值简单判别法

在正常情况下，被控过程的输入输出信号应在正常范围内变化。通过测量系统的输入信号和输出信号，当不在正常范围时，可以认为系统故障。还可通过测量输入输出信号的变化率，分析是否满足正常的范围，从而判断是否有故障发生。

2. 输出信号处理法

系统输出的信号与故障源之间可能会在频率、相位、幅值、相关性等方面存在一定联系，利用一定的信号处理的数值计算方法，对信号进行变换、综合，可以揭示这些特征量，来判断故障源所在。常用的方法有傅里叶频谱分析法、功率谱分析法、相关分析法等。例如，采用谱分析对比诊断的基本原理就是将典型状态下监测信号通过各种数学变换的谱图和故障谱图用数据库形式存放在计算机中，在诊断过程中，通过谱图的寻找和对比，研究状态变化和参量分布，参照谱数据库得出诊断结论。

3. 基于小波变换的方法

小波变换是一种全新的时间—尺度分析方法，具有灵敏度高、克服噪声能力强的特点。小波变换的基函数是一系列尺度可变的函数，具有良好的时间—频率定位特性。对信号进行小波变换，适当的选取小波尺度，在这些尺度上的小波基进行信号的重构，去掉高频、工频噪声段的小波尺度，可以保证这些重构的信号只包含系统运行信息和故障信息。主要方法有利用测量信号的奇异性进行故障诊断；利用测量信号的频率结构变化进行故障诊断等方法。

4. 基于信息融合的方法

这是一种局部诊断-全局融合的故障诊断方法。为了充分利用检测量所提供的信息，首先对每个检测量采用多种诊断方法进行诊断，这一过程称为局部诊断，然后将各诊断方法所得的结果加以综合，得到系统故障诊断的总体结果。目前融合故障诊断方法有贝叶斯（Bayes）推理、D-S证据理论、神经网络融合等。

5. 基于信号模态估计的方法

依据系统的死循环特征方程求解与物理参数变化的根轨迹集合，任取一死循环信号采用最小二乘法估计系统的模态参数，最后利用模式识别技术将估计模态与根轨迹进行匹配，从而实现故障分离。

6. 统计诊断分析法

运用贝叶斯公式算出某种征兆特定故障引起的概率，进而判别故障类型。这个方法必须要考虑被诊断对象的运行历史状况，以获取各种故障发生的概率变化情况，为各种故障确定先验概率。统计诊断法容易发生错报和漏报，只有在观测样本较多的情况下效果较好。

1.4.3.3 基于知识的方法

在工程实践中，对象的精确数学模型是无法得到的，这就大大限制了解析方法的使用范围。而基于知识的方法恰恰不需要对象的精确数学模型，因此具有很强的生命力。随着人工智能技术的发展，专家系统、模糊技术、神经网络技术、知识工程等被引入到过程控制中，进一步应用到故障诊断领域。

1. 基于专家系统的故障诊断法

专家系统是人工智能领域非常活跃的分支。这种方法不依赖于系统的数学模型，而是根据专家长期的实际经验及大量故障信息知识、分析问题和解决问题的思路，建立故障诊断的知识库、规则库和推理机，设计一个计算机程序，根据知识库的知识，规则库的规则及推理机的推理机制，进行推理和故障诊断。

2. 基于神经网络的故障诊断法

神经网络技术以分布的方法存储信息，利用网络的拓扑结构和权值分布来实现非线性映射。在神经网络的故障诊断系统中，只需要用该领域专家解决问题的实例或样例来训练网络。神经网络结构确定、权值学习好后，可以由代表故障症状的输入数据，直接推出代表故障原因的输出数据。

3. 基于模糊逻辑的故障诊断法

模糊集合、模糊运算、模糊逻辑系统对模糊信息有强大处理能力，由于故障征兆是界限不分明的模糊集合，故障诊断的机理非常适合用模糊规则来描述，使模糊逻辑的方法成为故障诊断的一种有力工具。

模糊诊断将某类故障发生时的所有征兆构成征兆群空间，将引起某种故障的所有原因构成一个故障原因空间，故障原因必然会与征兆空间中的某些征兆群相对应。当把故障原因看做征兆空间的模糊子集时，故障诊断的问题就是确定征兆空间的某个元素（即征兆）以多大程度隶属于哪个模糊子集（即故障原因）的问题。一般用隶属度来描述这种程度的大小。求出隶属度的最大值，就得到了诊断结果。模糊诊断是一种很有前途的诊断方法，但过程中隶属函数的确定有一定难度，精确性的高低取决于统计资料的准确性和丰富程度，以及专家的实际经验。

4. 基于故障树分析的故障诊断法

故障树是应用于可靠性分析的一种方法，现已广泛应用于故障诊断领域。利用故障的层次特性，将故障的成因和后果关系形成一串有很多层次的因果链，加上一因多果或一果多因，就构成了描述故障的故障树。故障树的诊断方法依靠准确的故障树结构，而故障树的建立需要对系统机理的深入了解。故障树分析法是一种图形演绎的诊断方法，是通过对可能造成系统故障的各种因素（包括硬件、软件、环境、人为因素等）进行分析，画出逻辑框图（即故障树），再对系统中发生的故障事件，由总体至分支按树结构逐级分析，其目的是判明基本故障，确定故障原因、故障影响和发生概率等。

5. 基于图论的模型推理方法

将系统元件定义为图的节点，利用元器件之间的影响关系将系统模型化为图，然后进行故障诊断。基于图论的故障诊断方法主要有基于符合有向图的诊断方法和基于故障传播的诊断方法。

6. 故障模式及后果分析诊断法

故障模式影响及后果分析是故障诊断分析中一个极为重要的方法。故障模式影响及后果分析（FMEA）是通过分析零部件各种故障模式对整个系统的影响，来鉴定产品的可靠性或确定故障原因的一种分析方法。它可用于零部件或整机系统的分析中，有利于将故障影响减少到最低限度。由于需要分析涉及系统的所有组成部分，所以工作量会随着系统的复杂程度而加大。

7. 基于灰色理论的故障诊断方法

基于灰色理论的故障诊断的主要思想是将预测系统看作是一个灰色系统，然后用已知的信息来预报含有故障模式的不可知信息的特性、状态以及发展趋势，预报未来的故障。灰色理论包含灰色预测、灰色关联度分析、灰色聚类以及灰色决策。其中灰色关联度在故障诊断中应用最为广泛，其实施过程为：首先建立故障标准模式特征向量矩阵，然后获取实测信号的待检测特征向量，求出待检测特征向量与标准特征向量的关联度，并进行由大到小的排序。若待检测模式序列与某一标准模式序列的关联度最大，则认为待检测模式为该类故障模式。

8. 粗糙集理论故障诊断分析法

粗糙集理论是一种处理模糊和不确定知识的新型数学工具，它的最大特点是不需要提供求解问题时所需处理的数据集合之外的任何先验信息（如统计中要求的先验概率和模糊集中要求的隶属度），就能有效地分析和处理不确定、不一致、不完整等各种不完备数据，并从中发现隐含知识，揭示其潜在规律。

一般来说，人工智能及其他复杂信息处理问题均以分类作为它们的基本机制之一，粗糙集理论就是建立在分类机制的基础之上的，它将分类理解为等价关系，而这些等价关系将对待定空间进行划分。粗糙集理论将等价关系对空间的划分与知识等同，即将知识理解为对数据的划分，而被划分的集合称为概念。

故障诊断技术是一门以数学、计算机、自动控制、信号处理、仿真技术、可靠性理论等有关学科为基础的多学科交叉的综合性学科。故障诊断技术发展至今，已经出现了基于不同原理的众多方法。如何利用提出的大量故障诊断方法，将多种故障诊断方法有效结合，充分地获取知识、利用知识，进而提高故障诊断系统的性能将成为故障诊断方法研究的热点。

1.5　风力发电机组故障诊断技术概述

风电场多位于偏远的山区或近海区域，交通不便；场内风力发电机组分布面积广，数量多，远离监控中心；风力发电机组工作在高空，长期工作于雷雨、暴雪、大风、曝晒等恶劣环境中，受极端的温度、大量的灰尘以及振动、风沙气候的影响，海上风力发电机组还受海风对风电设备的腐蚀作用等，这些因素都会增加风力发电机组故障的概率。而且风力发电机组的受力情况也很复杂，机组在工作过程中，叶片的转速是随风速的变化而变化；当阵风袭来，叶片受到短暂而频繁的冲击载荷，而这个冲击载荷也会传递到传动链上的各个部件，使得各个部件也受到复杂交变的冲击，对其工作寿命造成极大的影响，造成机组运行中的各种故障。因此一旦机组的某些部件出现故障，长时间停机不仅造成发电量损失，而且整个机组的重新吊装和部件更换，都需要极大的人力和物力。风力发电机组的设计寿命是 20 年，长期以来，采用的是计划维修和事后维修的方式；因此采用状态监测和故障诊断技术，在风力发电机组运行过程中实时监控各关键部件的运行状态，及时了解各部件存在的故障隐患，采取措施，防止造成严重损失，提高风力发电机组运行的可靠性，延长其使用寿命具有重要的意义。

1.5.1　风力发电机组故障诊断的目的

风力发电机组故障诊断的根本目的是保证风力发电机组安全、可靠、经济和高效的运行，具体可概括为以下几方面：

（1）对设备的各种异常状态及故障及时、有效、正确地作出诊断，预防和消除故障；为风力发电机组的运行维护提供必要的指导，保证设备运行的安全性、可靠性和经济性。

（2）根据机组设备状况，制定合理的检测维修制度。使风力发电机组工作时充分发挥最大的设计能力，在允许的条件下挖掘设备潜力，降低设备全寿命周期费用，延长设备使用寿命。

（3）通过故障分析、性能评估等为设备结构修改、设计优化、生产过程工艺参数确定提供必要的依据。

1.5.2　大型风力发电机组的常见故障

风力发电机组主要分为：①双馈式变桨变速风力发电机组；②直驱永磁式变桨变速型风力发电机组；③失速定桨定速型风力发电机组，该类型是风电领域早期产品，是非主流机型，运行维护方便。

以双馈式风力发电机组为例，风力发电机由风轮及变桨距系统、轮毂、机舱、塔架、主轴、齿轮箱、发电机、电气系统、控制系统、传感器、刹车系统、液压系统和偏航系统等构成。由于兆瓦级风力发电机组塔架高度一般都在 70m 或以上的高空，机组工作环境恶劣、受力情况复杂。风力发电机组在运行过程中，不断承受着变化的风带来的交变冲击载荷作用，会使风轮以及与其刚性连接的主轴、齿轮箱、发电机等产生各种故障，影响设备工作寿命，严重时会造成机组停机。

风力发电机组由于其构成的复杂性，故障表现形式千变万化，总体可归纳为电气故障和机械故障两大类。

（1）电气故障。包括传感器故障、通信故障、变流器故障、电机故障、电网故障等。具体表现有：电气系统的故障有电磁干扰、短路故障、接地故障、过电流故障、过电压故障、欠电压故障、过温故障、变频器无法启动和继电器频跳故障等；发电机的故障中的振动过大、噪声过大、发电机过热、轴承过热、不正常杂声和绝缘损坏等。

（2）机械故障。包括齿轮箱故障、叶片故障、轴承故障、机械刹车故障、变桨执行机构故障、偏航故障、液压故障等。具体表现有：风轮的故障中的桨叶腐蚀、轮毂损伤；偏航系统的偏航齿圈齿面磨损、噪声异常、偏航限位开关故障等；齿轮箱的故障中的齿轮点蚀、剥落、损坏等；轴承的故障中的轴不对中、轴承损坏渗漏油等。

通过对大型风力发电机组进行故障诊断总结得出，有些部位的故障概率很大，但修复时间短，对风电场发电量的影响不大，而有些关键部件尽管故障概率不是最高，但一旦损坏对大型风力机发电量的影响却很大。例如，齿轮箱是齿轮型机组的关键部件，由于其长期承受复杂且难以控制的交变载荷和瞬态冲击载荷，当发生故障导致需要更换整个齿轮箱时，造成的经济损失，除齿轮箱成本（通常占总的风力发电机成本约 10%）外，还需要额外支付运输费、起重机租赁和工时费等，同时还会因设备停机而产生发电量损失。

表 1-3 给出了瑞典皇家理工学院（KTH）的可靠性评估管理中心（RCM）对瑞典、芬兰、德国共 2151 台的风力发电机组的故障情况统计。

表 1-3　KTH 给出的风力发电机组故障情况统计表

诊断项目	瑞典	芬兰	德国
年平均故障次数/（次·a^{-1}）	0.402（1997—2005 年）	1.38（2000—2005 年）	2.38（2004—2005 年）
年平均故障停机时间/（h·a^{-1}）	52	237	149
平均故障停机时间/h	170	172	62.6
故障最频繁的部件	1. 电气系统	1. 液压系统	1. 电气系统
	2. 传感器	2. 叶片/变桨	2. 控制系统
	3. 叶片/变桨	3. 齿轮箱	3. 液压传感器
造成停机故障最多的部件	1. 齿轮箱	1. 齿轮箱	1. 发电机
	2. 控制系统	2. 叶片/变桨	2. 齿轮箱
	3. 驱动链	3. 液压系统	3. 驱动链
造成最长停机时间故障的部件	1. 驱动链	1. 齿轮箱	1. 发电机
	2. 偏航系统	2. 桨叶/变桨	2. 齿轮箱
	3. 齿轮箱	3. 结构	3. 驱动链

从表 1-3 中可以看出，单次故障造成最长停机时间的部件分别是齿轮箱、驱动链、发电机等。这表明电气系统、控制系统、传感器、液压系统等虽然故障频繁，但容易处理，不会产生长时间停机维护，经济损失小，而齿轮箱、驱动链、发电机故障频率不是最高，但是一旦发生，产生的后果严重，会造成机组长时间的停机维护，带来严重的经济损失。

图 1-8 是国外机构对德国和丹麦 1993—2004 年超过 6000 台风力发电机组的数据调

查统计，得到的机组各子系统可靠性的统计图。

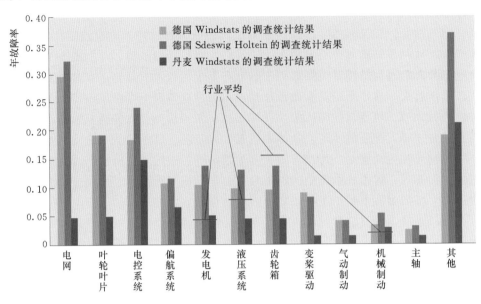

图 1-8 风力发电机组可靠性统计

从图 1-8 中可以看出，除电网故障外，故障集中在叶轮、电控系统、发电机、齿轮箱、偏航、变桨系统等，本书后面将分章针对风力发电机组主要部件的故障展开分析讨论。

1.5.3 风力发电机组故障诊断实施技术

在风力发电机组故障诊断过程中，要想使故障诊断分析达到预定的目标，还依赖于对风力发电机组设备故障诊断实施技术。故障诊断实施技术就是在故障诊断过程中实际采用的工程技术，包括监测和诊断两部分，它是故障诊断实现的手段。

（1）振动诊断法：以平衡振动、瞬态振动、机械导纳及模态参数为检测目标，进行特征分析、谱分析和时频域分析，也包括含有相位信息的全息谱诊断法。

（2）声学诊断法：以噪声、声阻、超声、声发射为检测目标，进行声级、声强、声源、声场、声谱分析。超声波诊断法、声发射诊断法属于此类诊断方法，应用较多。

（3）振声诊断法：为了能验证或获取更多信息，将振动诊断法与声学诊断法同时应用，能够得到较好的效果。

（4）温度诊断法：以温度、温差、温度场、热像为监测目标，进行温变量、温度场、红外热像识别与分析。红外热像诊断法就是其中一种。

（5）强度诊断法：以力、扭矩、应力、应变为检测目标，进行冷热强度、变形、结构损伤、容限分析与寿命估计。

（6）污染物诊断法：以泄漏和残留物的气体、液体、固体的成分为检测目标，进行液气成分变化、气蚀、油蚀、油质磨损分析。油样诊断法与铁谱诊断法就属于此类诊断方法，应用较多。

（7）压力流量诊断法：以压差、流量压力及压力脉动为检测目标，进行气场压力场、油膜压力场、流体湍动、流量变化等分析。

（8）电参数诊断法：以功率、电信号及磁特性等为检测目标，进行物体运动、系统物理量状态、机械设备性能等分析。

（9）光学诊断法：以亮度、光谱和各种射线效应为检测目标，研究物质或溶液构成，分析构成成分量值，进行图形成像识别分析。

（10）表面形貌诊断法：以裂纹、变形、斑点、凹坑、色泽等为检测目标，进行结构强度、应力集中、裂纹破损、气蚀、化蚀、摩擦磨损等现象分析。

（11）性能趋向诊断法：以发电设备各种主要性能指标为检测目标，研究和分析设备的运行状态，识别故障的发生与发展，提出早期预报与维修计划，预估发电设备的剩余寿命，有时参与产品质量控制与管理。

1.5.4 发电设备故障诊断系统的构成

下面以某个发电设备故障诊断系统为例，简要描述一个在线的故障诊断系统的基本结构和诊断过程。

1.5.4.1 发电设备故障诊断系统构架

发电设备对安全和可靠性的要求高，因此发电设备故障诊断系统比其他机械设备故障诊断系统要求更高。发电设备故障诊断系统应该能够在获取的历史数据和实时监测数据进行建模、处理和比较分析的基础上，利用很完备的知识库，对设备状态进行自动判断评价，并在设备出现故障时发出报警，通过建模给出故障的风险程度，同时利用模型进行故障部位和故障原因的推理，最后提供有价值的参考，帮助检修人员及时了解设备状态，提高检修工作的效率。图1-9示例了一种发电设备故障诊断系统的功能框架。

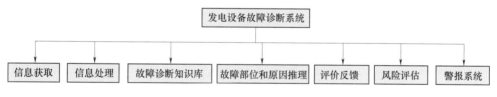

图1-9 发电设备故障诊断系统功能框架

1.5.4.2 发电设备故障诊断系统的工作过程

1. 信息获取

发电设备的故障诊断需要建立在详尽的设备信息和故障信息基础上，故设备信息和故障信息的获取是进行发电设备故障诊断前提。通常，故障诊断所需要的信息可分为设备静态信息和故障实时信息两大类。

（1）设备静态信息是指设备在一定时期内相对静态的各种信息，包括设备基本信息（如静态技术参数、设备的设计数据、性能指标等）、设备状态评价和故障记录等数据，以及设备所在位置、设备文档、声像资料。

（2）故障实时数据获取需要访问实时数据库系统。对于不同的发电设备，其故障诊断所需要的信息量或者数据的采样频度是不一样的，故需要在数据获取上设置采集分辨率。

故障诊断系统首先要知道需要的历史数据起源点，然后根据当前数据时刻点及采样间隔，向数据库提取数据。

2. 信息处理

在故障诊断过程中，由于其设备的复杂性和测点的性能特点，使获取的信息会产生冗余和无效性，所以在进行故障诊断时，需要对获取的信息进行信息处理。

在发电设备故障诊断过程中，故障诊断信息主要包括设备基础信息、测点信号和故障分析信息三类。设备基础信息由设备制造厂商决定，对它的信息处理直接根据故障诊断的需要进行筛选即可。测点信号和故障分析信息是故障诊断的重要来源，对它们的分析处理需根据实际情况选择不同的策略。

（1）对测点信号的信息处理。测点信号具有实时特性，对它的信息处理应该包含在信号获取的整个过程中。通常测点信号的处理包括信号前置处理、测量参数筛选和数据通信三部分。

1）信号前置处理。信号前置处理主要对来自现场传感器群的振动、过程量信号等进行隔离、滤波、衰减/放大、整形等处理，使得这些信号变为数据采集板能直接采集的标准信号。

2）测点参数筛选。测点参数逻辑筛选是对信号前置处理后的信息进行进一步选择，筛选出需要的测点信息并作为故障实时数据参与故障诊断。

3）数据通信。数据通信指数据采集站与服务器间的双向通信，通过网卡实现，包括实时数据上传和系统信息下传。

（2）对故障分析信息的处理。设备故障分析是指专家或系统在结合设备历史及当前运行数据的基础上，运用分析模型对设备故障进行的分析，分析的结果被记录和储存下来，成为未来设备故障分析的依据。对它的处理要根据信息本身的特性来进行。

图 1-9 所示的系统中，是采用基于故障模式及影响分析（FMEA）的故障诊断方法得到设备的故障分析信息，所以要根据 FMEA 分析结果的特点进行信息处理。在 FMEA 分析结果中，由于故障的表现形式不唯一，在提取描述故障特征的各种征兆时也常常带有一定的盲目性，从而导致了故障状态之间是模糊的，这就决定了发电设备的故障分析与信息处理要具有处理模糊和不确定知识功能。

粗糙集理论是一种处理模糊和不确定知识的新型数学工具，它的最大特点是不需要提供求解问题时所需处理的数据集合之外的任何先验信息（如统计中要求的先验概率和模糊集中要求的隶属度），就能有效地分析和处理不确定、不一致、不完整等各种不完备数据，并从中发现隐含知识，揭示其潜在规律。因此图 1-9 所示例的故障诊断系统采用基于粗糙集的故障分析与信息处理技术。其具体实施步骤：①组织列出 FMEA 分析得到的系统原始故障诊断知识；②应用粗糙集理论确定故障征兆属性集合和故障决策属性集合，选择各属性的值域，进行数据预处理，对故障征兆属性进行约简；③最终得到系统故障诊断规则，生成故障诊断决策表，形成诊断知识库。

3. 故障诊断知识库

发电设备故障诊断的目的是通过建立的模型进行推理诊断，最后得出故障的可能部位以及原因。因此要求故障诊断知识库中必须包含发电设备基础配置信息（包括设备编码、型号等)、设备测点基础信息、设备状态评价信息、设备故障模式信息、设备故障征兆信息、设备故障影响后果信息、设备故障原因信息以及设备故障诊断历史等。

4. 故障部位和原因推理

在发电设备故障诊断知识库的基础上,利用知识库逻辑推理,可以初步得出设备故障发生的可能部位及可能原因,形成故障疑似部位群。根据图 1-9 所示系统建立了存储故障问题表、故障征兆表、故障原因表和事件表 4 个数据表,根据这 4 张表,便可推导出一个关系表,如图 1-10 所示。

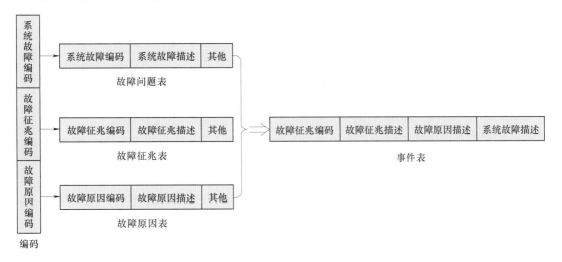

图 1-10　信息存储数据表

5. 评价反馈

由知识库推导出来的是故障疑似部位群,在发电设备故障诊断中,还需要对故障疑似部位群进行校验和剔除,生成设备参考故障部位群,进行维修决策。上述过程通过评价反馈环节完成。评价反馈利用状态评价原理和方法,得出部位部件的状态,对疑似故障部位群进行评价,其流程如图 1-11 中虚线框所示:①由知识库推导出故障原因和产生故障的

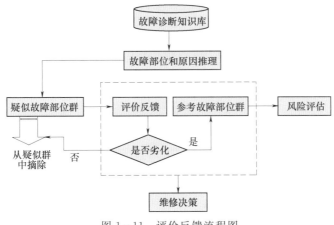

图 1-11　评价反馈流程图

疑似部位群，并对其进行评价反馈；②根据得出的部位部件状态，判定疑似故障部位是否劣化，如果部位状态已经发生劣化，则将此部位作为设备参考故障部位群中的元素，若疑似故障部位状态良好，则将此部位从疑似群中剔除，由此确定最终的参考故障部位群。上述评价反馈环节中得出的各故障部位状态作为指导发电机维修决策的依据，同时对参考故障部位群还需要执行下一步风险评估环节。所谓风险评估就是量化测评某一事件或事物带来的影响或损失的可能程度。

6. 风险程度评估

设备故障参考部位群是最后形成故障诊断决策的参考故障点，对它们进行风险程度评估可以将故障诊断结果定量化，按照风险程度排序的诊断使维修专家更容易确定故障隐源。

上述系统采用模糊综合评判法对故障风险因素进行评估，结合权重理论对故障风险进行分析评估。故障风险评估遵循以下步骤：

（1）确定设备参考故障对应的评估因素集，为风险分析提供参评依据。

（2）确定故障风险评语集，为风险分析提供备选结论和风险等级，并设定报警上限等级。

（3）确定模糊综合评判矩阵，为风险分析提供方法工具。

（4）确定权重集，对评估因素进行权重划分。

（5）进行综合评判，得出风险分析结论，进行排序。

7. 报警系统

发电设备故障诊断的报警系统不单要在监测端设置，也需要在风险评估端设置，如图1-12所示。

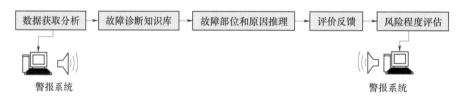

图 1-12　报警系统布局

第2章　叶片的故障诊断技术

风力发电机的叶片是风力发电机组中最基础和最关键的部分，其良好的设计、可靠的质量和优越的性能是保证机组正常稳定运行的决定因素。叶片利用具有空气动力的外形，在气流的作用下，产生力矩驱动风轮转动，通过轮毂将扭矩输入到传动系统。叶片是由复合材料制成的薄壳结构，一般由根部、主梁（俗称龙骨、加强筋）、外壳蒙皮三部分组成。由于叶片运行在高空恶劣的自然环境下，承受着随机的风载荷，而且还需长期不停地运转，因此研究其故障诊断技术，保证叶片正常运行，对提高机组安全经济运行具有重要意义。

2.1　风轮

风力发电机组区别于其他发电形式的最主要特征就是风轮，它是将风的动能转换为机械能的部件，图 2-1 示出了风轮外形。风轮由轮毂和叶片组成，大型风力发电机组一个轮毂上通常安装三个几何形状一样的叶片。风轮是风力发电机组的关键部件，应具有 20 年的设计寿命，其费用约占风力发电机组总造价的 20%～30%。

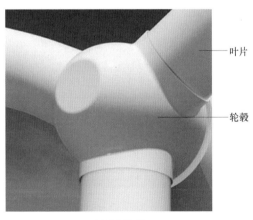
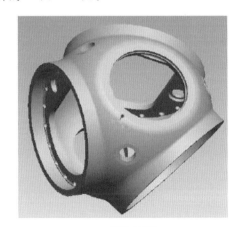

（a）风轮的外形　　　　　　　　　　　　　　　　（b）轮毂的形状

图 2-1　风轮

风轮的几何形状决定了风力发电机组捕获风能的空气动力学特性。图 2-2 示出风轮的几何参数，包括叶片数、风轮直径和风轮扫掠面积、轮毂高度、锥角、仰角、风轮实度。

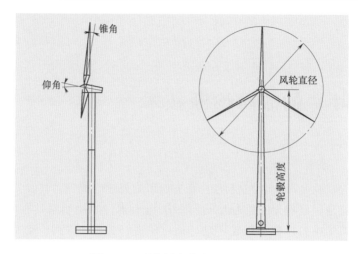

图 2－2　现代风力发电机组的风轮

2.1.1　叶片数

风轮叶片数的选择受到多种因素影响，包括空气动力效率、成本、噪声、复杂度、美学要求等。风轮采用不同的叶片数，对风力发电机组的空气动力学特性和结构设计的影响是不同的。图 2－3 分别示出双叶片风轮和三叶片风轮两种水平轴风力发电机组形式。从经济和安全和美学的角度，现代水平轴大型风力发电机组多采用三叶片形式。原因主要有下述几个方面。

(a) 双叶片　　　　　　　　　　　　　　　(b) 三叶片

图 2－3　两种水平轴风力发电机组

（1）三叶片风轮通常能提供最佳的效率。风轮的功率系数会影响风轮的风能转换效率。图 2－4 给出了不同类型风轮的功率系数随叶尖速比的变化曲线。从图中可以看出，现代水平轴风力发电机组的功率系数比垂直轴风力发电机组高，其中三叶片风轮的功率系数最高，双叶片风轮和单叶片风轮的风能转换效率略低。

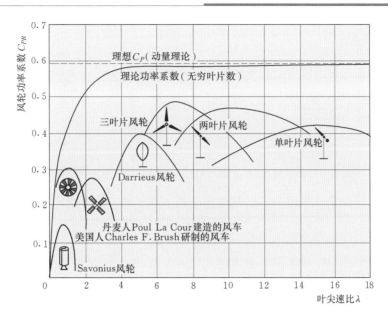

图 2-4　不同类型风轮的功率系数随叶尖速比的变化曲线

（2）三叶片风轮具有受力平衡好，轮毂结构简单等优点。从图 2-4 还可以看出，双叶片和单叶片风轮最大功率系数对应的叶尖速比高于三叶片风轮。也就是说，在相同的风速条件下，叶片越少，风轮的最佳转速越高。因此有时单叶片和双叶片风轮也称为高速风轮。尽管叶片数量减少，将会降低风轮制造成本，但叶片的高速旋转，会产生较大的噪声，风轮上承受的脉动载荷也会增大。与三叶片风轮相比，两叶片风轮的噪声大，运转不平稳，轮毂也比较复杂。单叶片风轮则需要增加相应的配重和空气动力平衡措施，而且对振动控制要求非常高，昂贵的振动控制技术会增加其造价。单叶片和两叶片风轮的轮毂通常比较复杂。风力发电机组的轮毂采用柔性轮毂，以限制风轮旋转过程的载荷波动。美国波音公司的研究结论有：两叶片风轮的动态载荷比三叶片风轮的动态载荷大得多，三叶片使风力发电机组运行平稳，基本上消除了周期载荷，输出稳定的转矩。单叶片风轮的动态载荷会更突出。尽管单叶片节省了材料，但会增加解决结构振动所支出的费用。

（3）从美学角度上看，三叶片风轮较为平衡和美观。叶片的高速旋转，不仅会产生较大的噪声，风轮上承受的脉动载荷增大，而且风轮高速旋转，视觉效果较差。

2.1.2　风轮直径和风轮扫掠面积

（1）风轮直径：是指风轮旋转时外圆直径，用 D 表示。

（2）风轮的扫掠面积：是指风轮在旋转平面上的投影面积，即 $S = \dfrac{\pi D^2}{4}$。

风轮直径的大小确定了叶片长度，也决定了叶片的扫风面积，由于风轮从自然风中获取的功率为 $P = \dfrac{1}{2}\rho S C_P v^3$，因此风轮的直径的大小与风轮输出的机械功率直接相关。相同情况下风轮直径越大，捕获的风功率越大。

2.1.3　轮毂高度

轮毂高度是指风轮旋转中心到基础平面的垂直距离。从理论上讲，高度越高，风速越大，这就是大型风力发电机组通常都运行在高空的原因。但轮毂高度越大，塔架成本及安装难度和费用也将大幅提高。

2.1.4　锥角

锥角是指叶片与风轮旋转轴垂直的平面的倾斜度，参见图 2-2。在运行状态下，减小叶片受风载荷和离心力作用下引起的叶片弯曲应力，减少叶尖和塔架碰撞的机会。

2.1.5　仰角

仰角是指风轮的旋转轴线和水平面的夹角，参见图 2-2。仰角的作用是避免叶尖和塔架的碰撞。

2.1.6　风轮的实度

风轮的实度是指风轮叶片投影面积的总和与风轮扫掠面积的比值。

2.2　叶片结构

2.2.1　基本要求

叶片作为捕获风能的核心部件，由于所处环境的恶劣和长期不停地运转，所以其良好的设计、可靠的质量和优越的性能必不可少。在最大可能吸收风能的同时，应确保叶片拥有合适的刚度以及强度。在规定的使用条件下，确保叶片在使用寿命期间内不会损坏。另外，在综合考虑风机叶片之间的相互平衡措施时，要生产重量尽量小的叶片，降低制造成本。

风力发电机组叶片应满足以下要求：

（1）有高效的接受风能的翼型，如 NACA 系列翼型等；有合理的安装角（或攻角），科学的升阻比、叶尖速比和叶片扭角；能够充分利用风电场的风资源条件，尽可能多的获得风能。

（2）具有良好的硬度和刚度，有合理的结构，优质的材料和先进的工艺。由于叶片直接迎风获得风能，风力、叶片自重、离心力等作用在叶片上会产生各种弯矩、拉力，叶片必须能够可靠地承担上述作用力，不发生折断；而且叶片要保证能够承受极端恶劣的气候条件和各种随机负载的考验。叶片材料密度轻以降低其自身重量，具有最佳的结构强度、疲劳强度和力学性。

（3）具有良好的结构动力学特性和气动稳定性，避免发生共振和颤振现象。要求叶片的弹性、旋转时的惯性及其振动频率特性曲线都正常，传递给整个发电系统的负荷稳定性好。不仅要避免在失控（飞车）的情况、在强离心力的作用下叶片被拉断或飞出；而且也不能在飞车转速以下范围内旋转式时，引起整个风力发电机组的强烈共振。

（4）叶片的材料要保证表面光滑，以减少叶片转动时与空气的摩擦阻力，提高传动性能，降低叶片表面胶衣脱落和产生裂纹的可能性。

（5）避免运行时产生过大噪声；不得产生强烈的电磁波干扰和光反射，以防给通信领域和途经的飞行物（如飞机）等带来干扰。

（6）耐腐蚀、防紫外线照射和抗雷击的性能好。叶片要有可靠的雷击保护措施，将雷电从轮毂上引导下来，以避免由于叶片结构中很高的阻抗而出现破坏。

（7）在满足上述要求下，优化设计结构，尽可能减轻叶片重量、降低制造和维护费成本。

2.2.2 结构形式

2.2.2.1 叶片的几何形状

不管是何种形式的风力发电机组，叶片都是重要的关键部件。图 2-5 为叶片的外形及结构形式。叶片与轮毂接口处称为叶根，最窄的地方称为叶尖。

（a）叶片外形

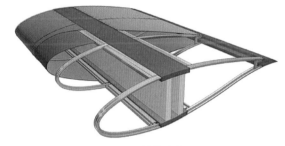

（b）结构形式

图 2-5 风力发电机组叶片外形及结构形式

叶片的几何参数如下：

（1）叶片长度。叶片在风轮径向的最大长度，即叶片根部到叶尖的长度称为叶片长度，如图 2-6 所示。叶片长度决定风轮的扫掠面积，因其关系着收集风能的能力，也影响着发电机组的功率。随着风力发电机组不断向大功率、低风速区发展，叶片不断加长。例如，早期风资源较好的地区应用的国产 1.5MW 风力发电机组的叶轮直径 77m，目前低风速区应用的 1.5MW 风力发电机组叶轮直径可达 89m。

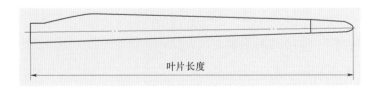

叶片长度

图 2-6 叶片形状

（2）叶片翼型。叶片剖面也称为叶片翼型，即叶片的横截面，用垂直于叶片长度方向的平面去截叶片而得到的截面形状，如图 2-7 所示。翼的前部圆头 A，称为前缘，翼的

尾部 B 为尖形，称为后缘。

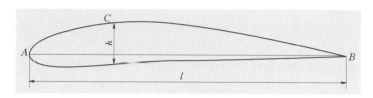

图 2-7 叶片翼型的几何参数

A—前缘；B—后缘；l—弦长；h—叶片厚度

（3）叶片弦长 l。连接叶片剖面前缘和后缘的直线长度称为弦长，如图 2-7 所示。叶片沿长度方向，各剖面的弦长是不断变化的，其中叶尖弦长最小为零。在所有的叶片剖面中，叶片弦长最大的值称为叶片的最大宽度。叶片的最大宽度可以在叶片长度 1/5～1/20 间选取，多为 1/10～1/15。弦长代表了叶片的宽度，叶片的宽度沿叶片长度方向而变化，是为了使叶片所接受的风能可以平均分配到整个叶片上。在叶片的设计中，采用叶片尖部窄，靠近根部宽的方案，即可满足力学设计要求又可减小离心力，同时还可以满足空气动力学要求。

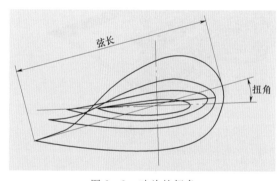

图 2-8 叶片的扭角

（4）叶片厚度 h。叶片弦长垂直方向的最大值称为叶片厚度，如图 2-7 所示的变量。沿长度方向，每个翼型截面各自的厚度都不同。一般叶片的最大厚度在弦长的 30%处。

（5）叶片安装角（桨距角）β。风力旋转平面与翼弦的夹角称为叶片的安装角或节距角或桨距角。叶片的安装角与风力发电机组的启动转矩有关。

（6）叶片扭角。叶片尖部几何弦与根部几何弦夹角的绝对值称为叶片扭角，如图 2-8 所示。叶片扭角是叶片为改变空气动力学特性设计的，同时具有预变形作用。

综上所述可知，叶片具有以下特征：

（1）平面几何形状一般为梯形，沿展向方向上，各剖面的弦长是变化的。

（2）叶片翼型（剖面）沿展向不断变化，各翼型的前缘和后缘形状也不同。

（3）叶片扭角也沿展向不断变化，叶尖部位的扭角比根部小。这里的扭角指在叶片尖部桨距角为零的情况下，各剖面的弦长与风轮旋转平面之间的夹角。

在 1980—2015 年的 35 年间，风力发电机组从几千瓦发展到近十兆瓦。为了提高风能利用效率和满足机组大型化的要求，从 20 世纪 80 年代开始，丹麦、美国、荷兰和瑞典等国家相继开发了具有高升阻比、多种相对厚度、降低前缘粗糙度敏感性的风轮叶片专用新型翼型，为叶片性能的提高起到了极大的促进作用。应用较多的有 NACA 翼型、SERI 翼型、NREL 翼型、RISΦ-A 翼型和 FFA-W 翼型等。

2.2.2.2 叶片的结构

大型水平轴风力发电机组的叶片结构通常由三部分组成，即根部、主梁和外壳蒙皮等。这种结构是为了保证叶片具有足够的强度和刚度，同时节省材料减轻叶片重量。根部材料一般为金属结构，用于与轮毂相连。主梁，俗称龙骨、加强肋或加强框，一般为玻璃纤维增强复合材料或碳纤维增强复合材料。外壳蒙皮主要由胶衣、表面毡和双向复合材料铺层构成。

1. 叶根结构

叶片所承担的各种载荷，无论是弯矩、拉力、转矩、剪力都在叶根端达到最大值。叶根必须承受叶身传来的巨大载荷。由于钢轮毂与复合材料叶片之间刚度相差很大，将妨碍载荷的平滑传递。因此，如何把整个叶片上所承受的载荷传递到轮毂，叶片的根端连接设计非常关键。常见的根端连接设计有以下几种：

（1）螺纹件预埋式。以丹麦 LM 叶片为代表，在叶片成形过程中，直接将经过特殊表面处理的螺纹件预埋在壳体中。此结构一端通过螺栓与轮毂相连，另一端牢固预埋在叶片壳体内。这种结构形式避免了对根部结构层的加工损伤，提高了根部连接的可靠性，也减少了法兰盘的重量；缺点是每个螺纹的定位必须准确。螺纹件预埋式叶根连接方式如图2-9所示。

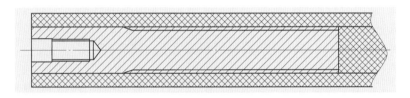

图 2-9　螺纹件预埋式叶根连接

（2）钻孔组装式。叶片成形后，用专用钻床和工具装备在叶根部位钻孔，然后将螺纹件装入。螺纹件为高强度双头螺栓和圆形螺母。这种方式在叶片根部的复合材料结构层中加工出几十个左右的孔，碰坏了复合材料的结构整体性，降低了叶片根部的结构强度，而且，螺栓件的垂直度不易保证，容易给现场组装带来困难，如图 2-10 所示。

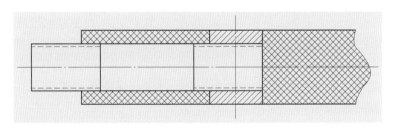

图 2-10　钻孔组装式叶根连接

2. 叶片的主梁

叶片的主梁承载着叶片的大部分弯曲负荷，其作用是保证叶片长度方向和横截面上的强度和刚度。现代大型叶片的主梁常用 O 形、C 形、D 形和矩形等形式，如图 2-11所示。

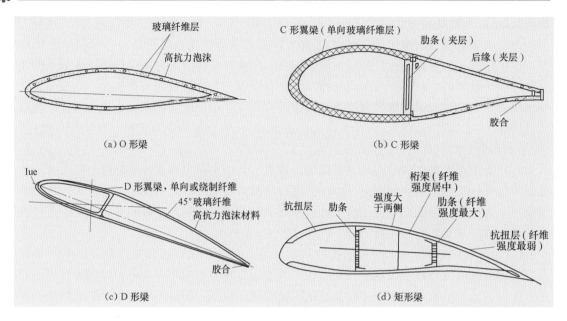

图 2 - 11　叶片的结构形式

在加工制作上，C 形梁是在模具中成 C 形梁，然后在模具中成上下两个半壳，再用结构胶将 C 形梁和两个半壳黏结起来。O 形梁、D 形梁和矩形梁在缠绕机上缠绕成形，在模具中成形上下两个半壳，再用结构胶将梁和两个半壳黏结在一起。

3. 外壳蒙皮

叶片外壳蒙皮主要由胶衣、表面毡和双向复合材料铺层构成，其功能是提供叶片气动外形，同时承担部分弯曲载荷和大部分的剪切载荷。叶片制造过程中，其上、下两半分别在固定形状的模具中完成铺层，然后利用胶黏剂将纵梁和两半壳牢固地黏接在一起，形成整体的叶片。

2.2.2.3　叶片材料

风力发电机组叶片的材料有多种生产工艺，有多种因素影响材料的选择。材料特性、可靠性、安全性、物理属性及对环境的适应性、实用性、报废及回收性能和材料的经济性等成为叶片材料选择时的重要参考因素。20 世纪 70 年代，风力发电机组叶片主要材料为钢材、铝材和木材，目前最常用的材料有玻璃纤维增强聚酯树脂、玻璃纤维增强环氧树脂和碳纤维增强环氧树脂。

由玻璃纤维增强复合材料制成的叶片重量相对轻，强度相对要高。这种玻璃纤维增强复合材料也被称为玻璃钢。采用复合材料制造叶片，可以充分地对叶片的强度、刚度、固有频率等基本特征参数做优化的设计，能够制作出材质轻、强度高、形状复杂、周期短、维修性好的叶片，并且这种复合材料具有优良的耐候性、抗疲劳强度高等优点。

从性能角度，碳纤维增强环氧树脂最好，玻璃纤维增强环氧树脂次之。随着叶片长度的增加，叶片的重量会增加，目前单机容量 5MW 的风力发电机组，叶片长度已达到 61.5m。如果叶片太重，还会使其他的部件（如轮毂、发电机、控制器、变桨结构、塔架等设备）的负担加重，可能导致变桨的灵敏度降低、系统协调性差、控制延时等缺陷。因此，提高材料性能、减轻叶片重量非常必要。当叶片长度为19m时，采用玻璃纤维增强聚酯树脂质量为1800kg，采用玻璃纤维增强环氧树脂质量为1000kg；当叶片长度增加为34m时，采用玻璃纤维增强聚酯树脂质量为5800kg，采用玻璃纤维增强环氧树脂质量为5200kg，而采用碳纤维增强环氧树脂时质量只有3200kg；当叶片的长度增加到52m，采用玻璃纤维增强聚酯树脂质量将会高达21000kg。可见选择不同的材料，对叶片的重量影响很大，尤其是对于大型风力机叶片。刚度也是叶片十分重要的指标，碳纤维复合材料叶片的刚度是玻璃钢复合叶片的2～3倍。风力发电机组产生的电能和叶片长度的平方成正比，为满足单机容量高的发展方向，叶片的长度也将更长，因此有效的解决办法之一是叶片材料采用碳纤维增强环氧树脂。但由于碳纤维比玻璃纤维昂贵，采用百分之百的碳纤维制造叶片成本比较高。目前，国外已开始采用碳纤维和玻璃纤维混合的材料，碳纤维只在一些关键部分使用，如横梁、前后边缘、叶片的表面。

2.2.3　叶片的分类

2.2.3.1　根据控制方式分类

根据叶片的控制方式可以划分为失速型叶片和变桨距叶片。失速型叶片在其运行风速范围内，叶片的安装角（桨距角）始终是固定的，额定风速以后，依靠翼型的失速特性来调节风轮的功率输出，达到限制功率的目的。变桨距叶片在其运行风速范围内，叶片的安装角（桨距角）是可以变化的。达到额定功率以前，叶片运行在最优的安装角上，超过额定风速以后，通过减小叶片的桨距角，来达到减小功率输出的目的。

2.2.3.2　根据翼型形状分类

根据叶片的翼型形状可以分为变截面叶片和等截面叶片两种。变截面叶片在叶片全长上各处的截面形状及面积都是不同的，等截面叶片则在其全长上各处的截面形状和面积都是相同的。

在某一转速下通过改变叶片全长上各处的截面形状和面积，使叶片全长上的各处的攻角相同，这就是变截面叶片设计的初衷。可见变截面叶片在某一风速下及其附近区域有最高的风能利用效率，脱离这一区域风能利用效率就会显著下降。

等截面叶片在任何风速下总有一段叶片的攻角处于最佳状态，因此在可利用的风速范围内等截面叶片的风能利用效率基本一致。

一段叶片的效率总不如叶片全长的效率高，所以在变截面叶片的最高效率风速点及附近区域的风能利用率要远高于等截面叶片。

2.2.3.3　根据材料分类

根据叶片的材料及结构形式可分为以下类型。

1. 木质叶片

木质叶片多用于小型风力发电机组，但木质叶片不易做成扭曲型。中型风力发电机组可使用黏结剂黏合的胶合板，如图2-12所示。木质叶片应采用强度很高的整体木方做叶片纵梁来承担叶片在工作时所必须承受的力和力矩，而且木质叶片必须绝对防水，为此，可在木材上涂敷玻璃纤维树脂或清漆等。

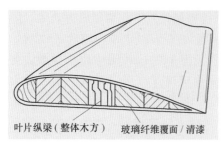

叶片纵梁（整体木方）　玻璃纤维覆面 / 清漆

图 2 - 12　木质叶片的结构

2. 钢梁玻璃纤维蒙皮叶片

叶片在通常采用钢管、D 形梁（D 形钢或 D 形玻璃）做纵梁，钢板做肋梁，内填泡沫塑料外覆玻璃纤维的结构形式，往往在大型风力发电机组上使用。叶片纵梁的钢管及 D 形梁从叶根至叶尖的截面应逐渐变小，以满足扭曲叶片的要求并减轻叶片重量，即做成等强度梁。

3. 铝合金挤压成型叶片

铝合金材料可拉伸、挤压制成空心叶片。用铝合金挤压成型的叶片的每个截面都采用一个模具挤压成型，适宜做成等宽叶片，因而更适用于垂直轴风力发电机组使用。此种叶片重量轻，制造工艺简单，可连续生产，又可按设计要求的扭曲进行扭曲加工，但不能做到从叶根至叶尖渐缩，另外，由于受压力机功率的限制，铝合金挤压叶片叶宽多在 40cm 左右。

4. 玻璃钢叶片

所谓玻璃钢（Glass Fiber Reinforced Plastic，GFRP）就是环氧树脂、酚醛树脂、不饱和树脂等塑料渗入长度不同的玻璃纤维而做成的增强塑料。由于所使用的树脂品种不同，因此有聚酯玻璃钢、环氧玻璃钢、酚醛玻璃钢之分。

玻璃钢质轻而硬，产品的比重是碳素钢的 1/4，可是拉伸强度却接近，甚至超过碳素钢，而强度可以与高级合金钢相比；耐腐蚀性能好，对大气、水和一般浓度的酸、碱、盐以及多种油类和溶剂都有较好的抵抗能力；不导电，是优良的绝缘材料；具有持久的抗老化性能，可保持长久的光泽及持续的高强度，使用寿命在 20 年以上；除灵活的设计性能外，产品的颜色可以根据客户的要求进行定制，外形尺寸也可切割拼接成客户所需的尺寸；玻璃钢的质量还可以通过表面改性、上浆和涂覆加以改进，其单位成本较低。由于以上优点，使得玻璃钢在叶片生产中得到了广泛应用。

5. 碳纤维复合叶片

玻璃纤维复合叶片一直以来以其低廉的价格，优良的性能占据着大型风力发电机组叶片材料的统治地位。但随着风电产业的发展，叶片长度的增加，对材料的强度和刚度等性能提出了新的要求。减轻叶片的重量，又要满足强度与刚度要求，有效的办法是采用碳纤维复合材料（Carbon Fiber Reinforced Plastic，CFRP）。研究表明碳纤维复合材料的优点有：叶片刚度是玻璃钢复合叶片的 2～3 倍；减轻了叶片重量；提高了叶片抗疲劳性能；使风机的输出功率更平滑、均衡，提高风能利用效率；可制造低风速叶片；利用导电性能避免雷击；具有振动阻尼特性；成型方便，可适应不同形状的叶片等。

碳纤维复合材料的性能大大优于玻璃纤维复合材料，但价格昂贵，影响了它在风力发电机组上的大范围应用，但事实上，当叶片超过一定尺寸后，碳纤维叶片反而比玻璃纤维叶片便宜，因为材料用量、劳动力、运输和安装成本等都下降了。国外一些专家认为，由于现有一般材料不能很好地满足大功率风力发电装置的要求，而玻璃纤维复合材料性能已经趋于极限。因此，在发展更大功率风力发电装置时，采用性能更好的碳纤维复合材料势在必行。

6. 纳米材料

纳米技术能够增加产品的抗冲击性、抗弯强度、防裂纹扩展性、导电性等多种功能，可以使新产品的发展成倍增加。碳纳米结构材料给叶片材料的发展提供了新的契机，为叶片的长度增加提供了更大空间。但这项技术还不成熟，有待于进一步研究。

2.3 叶片的故障原因及类型

叶片是使风力发电机组叶轮旋转并产生空气动力的部件，叶片能否正常运行将直接影响风力发电机组的安全和风电场的发电效率。由于叶片长期运转在自然环境中，外界气候对叶片运行会造成很大影响，尤其是台风、雷雨、冰雪、沙尘等恶劣气候随时都可能对叶片造成危害甚至导致风力发电机组倒塌事故。本节总结了叶片的主要损伤原因、故障类型。

2.3.1 叶片损伤的原因

2.3.1.1 人为因素造成的损伤

1. 设计不完善

早期复合材料叶片的设计更多建立在假设条件下，对于环境等因素考虑较少，材料的使用、疲劳强度的预设、工艺设计等并没有在现实的环境中去检验，导致在风洞试验中可以满负荷有效生存时间在实际环境中大大减少，甚至出现"叶毁机亡"的事故。

2. 安装过程中造成的损伤

吊装是叶片前期受损的原因之一，在吊装叶片的过程中，绳子和夹具同样也是造成叶片受损的原因，叶脊（叶片的切风、切砂部位）是叶片的主要受损部位，在吊装的叶片偏离地面的过程中，一旦主梁与吊起的叶片之间的角度有些偏差，那么无论是绳子还是夹具，都会和叶片间出现摩擦和角度复位移动的现象。有时吊装时使用的宽带也会使叶片表面产生损伤，这些因素都会引发叶片的表面受损。

3. 运行不当造成的损伤

运行不当造成的损伤包括超额定功率运行引起损伤、振动引起损伤等。

由于很多的风力发电机组会在超高的风速下运行，尽管在短时间内生成的功率也会很大程度的升高，但机组的超功率运行使叶片容易出现早期的失效问题。

由于在风力发电机组的运行过程中，叶片会受到不同方向、不同大小的风负荷；因而叶片就会产生不同方向、不同形式的运动，比如振动。叶片的主要振动形式有：挥舞、摆振和扭转。挥舞是指叶片弯曲振动在垂直于旋转平面方向上；摆振是指叶片弯曲振动在旋转平面内；扭转是指叶片围绕其变距轴的扭转振动。气动弹性问题是这三种机械振动和气动力交织作用的结果，如果这种相互之间的作用是相互削减的，那么振动则是稳定的，否则就会出现颤振或发散，进一步会引起叶片的损伤。

4. 检查维护缺失

大部分风电场在风力发电机组的日常运行检查维护过程时，叶片往往得不到重视。叶片在阳光、酸雨、狂风、自振、风沙、盐雾等恶劣的条件下会加速老化。由于叶片处在数十米高的高空，在日常检查维护工作中很难检查和维护，加速了风力机叶片的老化，出现自然开裂、砂眼、表面磨损、雷击损坏、横向裂纹等现象。这些问题如果日常检查维护做到位，就可减少维修费用，避免发电效益损失。

2.3.1.2　自然原因造成的损伤

由于风力发电机组需要运行在环境较为恶劣的自然环境中，其使用寿命受到自然因素的影响较大，如昼夜温差、紫外线强度、湿度影响，沙尘摩擦侵蚀，雷电、酸雨及空气中化学介质腐蚀等。

1. 雷击损坏

随着风力发电机组单机容量的增大，轮毂高度增至 80 多米，一个叶片长度高达 40 多米，加上风力发电机组一般安装在开阔地带或山顶，使得风力发电机组遭受雷击概率越来越大。研究表明，在所有引发风力发电机组故障的外部因素中雷击约占 25%，特别是建在高山或沿海的风电场，该问题更是突出。多数情况下，被雷击的区域集中在叶尖背面（或称吸力面），如图 2-13 所示。

 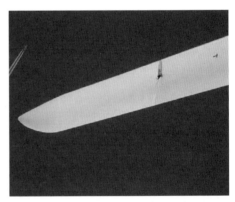

图 2-13　现场叶片损坏情况

雷击造成叶片损坏的原因：①当雷电击中叶片叶尖后，由于雷电会释放巨大的能量，这种能量会使叶片内的结构温度迅速升高，气体在高温状态下会膨胀，此时压力的上升会造成爆裂的损坏，导致叶片开裂甚至是折断，最致命的是引起火灾；②雷击的巨大声波会对叶片造成冲击破坏。

2. 低温与结冰

我国有利于风力发电发展的地方（如东北、新疆等地区），其风力资源丰富，但是这些地区的共同特点就是冬季温度低。低温致使的空气密度增加导致风力发电机组叶片产生空气弹性振动，造成叶片后缘结构失效而产生裂纹。

在温差较大的地区，处于临界状态的雨雪、雾、露遇到低温的设备和金属结构体会导致表面结冰，增加叶片表面粗糙度，影响叶片翼型的气动性能，如不及时清除，会使叶片载荷超过设计载荷，恶劣时将造成叶片故障或折断。

3. 盐雾

在沿海风电场，盐雾对叶片的腐蚀是一个不可忽视的问题。强酸性的金属盐以及金属性氧化物是盐雾中的重要的化学成分，盐雾是从海水中蒸发出来的盐分和空气中的污物混合而成，是一种灰白色的结晶，显现为棱角状，不易溶，当叶片有厚且硬的复合材料保护层（胶衣）在表面上，盐雾不会侵害到叶片玻璃纤维层里（有较深裂纹和通腔砂眼的除外）。但当叶片表面长时间受腐蚀后，叶片前缘胶衣容易脱落，长时间运转后将损伤到增强纤维层，加速叶片老化，造成开胶和纤维层损伤。同时，由于盐雾的日积月累，在叶片表面形成一层不均匀覆盖层，破坏叶片平衡，严重时将影响叶片运转效率。

4. 极端风况

由于风力发电机组叶片设计有规定的使用环境条件，在正常条件下具有足够的强度和韧度。但如果遇到异常极端风况将对叶片造成损伤。如内陆地区存在大阵风或强剪切风、沿海的台风，都会使叶片运行超出其设计承载能力，严重情况将导致叶片折断。台风对风力发电机组的损坏主要有：叶片因扭转刚度不够而出现通透性裂纹或被撕裂；风向仪、尾翼被吹毁；偏航系统受损等。例如，2006年8月10日的"桑美"台风登陆造成了浙江某风电场大量风力发电机组叶片折断甚至倒塔事故。

5. 沙尘

在我国西北部，风沙侵蚀对叶片表面影响极大。风沙侵蚀叶片的主要部位在尖部和前缘。叶片转动，就会不可避免地与空气中的颗粒发生摩擦或者是撞击。在大多数状态下，叶片的叶尖速度会超过70m/s，叶片运转过程中与风沙的相对速度也最大，处于这样的速度上，在叶尖部位最容易损伤。空气中的颗粒会引起叶片的前缘损坏，会使叶片前缘结构胶层开裂。即使不是结构性的损伤，前缘的磨损也会产生比较大的功率损失。风沙会造成叶片有砂眼、胶衣脱落、纤维层损伤或叶片开裂等故障。

6. 空气中的化学物质及紫外线照射

目前，制造风力发电机组叶片的主要材料为玻璃纤维增强聚酯树脂和玻璃纤维增强环氧树脂，而玻璃纤维、环氧树脂部分受紫外线照射或被空气总化学物质腐蚀会导致材料失效或老化，从而影响叶片的寿命，也对风力发电设备的安全运行造成严重的威胁。

2.3.2 叶片的主要故障类型

2.3.2.1 疲劳损失及其相关概念

疲劳作为专业术语，是用来描述材料在循环载荷作用下表现出的损伤和破坏，疲劳破坏是工程结构和机械失效的常见的主要原因之一。由于外部载荷的不同造成疲劳破坏的形式不同，通常疲劳破坏可分为三种，即机械疲劳破坏、腐蚀疲劳破坏和热疲劳破坏。其中：①机械疲劳破坏是指零部件或者结构在交变机械应力作用下产生的破坏；②腐蚀疲劳破坏是指在循环交变应力和腐蚀环境联合作用下产生的开裂与破坏；③热疲劳破坏是指由于温度的循环变化而引起的应变循环变化，并由此产生的疲劳破坏。风力发电机组叶片在使用过程中一般认为因温度的变化和环境腐蚀的作用影响很小，主要考虑的疲劳破坏是指由于长期的运行过程中，受到循环应力的作用而产生的机械疲劳。但是，对于很多温差比较大的地方，由于其风资源比较丰富，适合建立风电场，因此风力机零部件的热腐蚀问题有待进一步研究；而对于海上风力发电机组，由于海水具有较强的腐蚀性，因此风力机的零部件的腐蚀疲劳问题不容忽略。

机械疲劳根据载荷作用的幅度和频率又可以分为常幅值载荷、变幅值载荷和随机疲劳载荷。常幅值疲劳是指在固定不变的交变应力幅值和频率下产生的疲劳，常幅值疲劳常用于材料疲劳性能试验，也用于疲劳分析方法的研究，同时还用于比较两种材料的疲劳性能的优劣；变幅值疲劳是指交变应力的幅值发生变化，而频率不变的应力作用下产生的疲劳；随机疲劳则是应力幅值和频率都随机发生变化的应力作用下产生的疲劳。

2.3.2.2 常见的叶片故障类型

1. 普通缺陷

叶片长周期运转后存在的主要普通缺陷有表面腐蚀、局部砂眼、轻微裂纹等几种。主要发生的部位存在于叶片前缘、后缘或叶尖部位等。图 2-14、图 2-15 所示为保护层损伤及一般胶衣损伤，这是叶片受损的初期阶段，需要保持对其关注，防止其肆意生长，有计划性地进行修复。

图 2-14　保护层损伤

图 2-15　一般胶衣损伤

图 2-16、图 2-17 所示为胶衣损伤及砂眼，演变的速度非常快，不到一年即可发展成通腔砂眼和大面积砂眼。图 2-18 为叶片表面的轻微裂纹。当叶片的表面有微小的裂口或者是砂眼时，水就会渗透进入到叶片中，麻面处湿度增加，风力发电机组避雷指数就会降低，叶片内芯暴露于空气和水分中，会加速叶片的损坏。随着小裂口的不断变大，最终会导致叶片的彻底失效。这种情况可以使用辅助工具来消除表层的裂纹，使表面的涂层恢复来保护结构层，避免其受损伤。

图 2-16　胶衣损伤

图 2-17　叶片砂眼

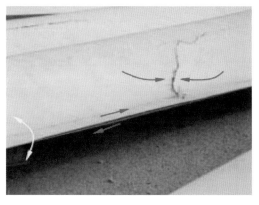

图 2-18 叶片轻微裂纹

如果通过定期检查维护及时发现，停机经叶片厂家或专业维修队伍进行维护处理，一般情况均可恢复叶片正常运转，对叶片的安全性能和效率影响不大，该情况下叶片维护费用相对较低。

2. 严重损伤

由雷击损坏、前缘开裂、蒙皮剥离或后缘开裂等原因造成的叶片损伤通常比较严重，如未及时发现处理，将可能发展为严重损伤。若不及时修补，叶片裂纹将越变越长，在空气作用下蒙皮就会出现开裂。叶片蒙皮开裂在一定长度内还可以勉强修补，但开裂过长、过大时就必须更换整个叶片，这意味着高额的材料、维修费用和较长时间的发电损失。修复过程中，应使用工具辅助清理开裂的铺层和胶层，重新填充结构胶层，并在外部加强纤维布层，防止再次出现开裂，如图 2-19 所示。

图 2-19 叶片蒙皮剥离及其修复

3. 折断事故（不可修复）

普通缺陷、严重损伤如未及时发现并且加以处理，仍然运转，将出现无法修复的破坏性损伤，直至发生叶片折断事故。该种情况是叶片最严重事故，叶片不可修复，必须进行更换，风力发电机组必须停机更换叶片，因此，造成风电场高额的叶片更换费用和电量损失，如图 2-20 所示。

图 2-20　叶片折断

2.4　叶片的故障诊断方法

风力发电机组叶片受到的损伤有些是无法避免的，如砂眼、开裂等；但是，运行过程中由于机组振动造成的叶片开裂等损坏，虽然非常严重，但是可以通过技术手段检测和有效地避免。因此，对叶片在运行过程中受交变载荷的影响以及自身振动作用下产生裂纹的监测很有必要，本节主要介绍风力发电机组叶片损伤识别的常见方法。

2.4.1　无损检测技术

对于风力发电机组叶片的损伤识别，目前很多学者采取以无损检测技术原理为基础，再根据叶片具体的材料特性、结构特点、工作环境等特点有针对性地开发出适用于风力发电机组叶片的损伤识别方法，主要有声发射技术、热成像技术、超声技术、X射线技术。

2.4.1.1　声发射技术

声发射是指材料断裂时释放的弹性能以应力波的形式在结构中传播的现象。随着压电效应的发现，应力波可以通过压电材料（如压电陶瓷 PZT）的压电效应由力信号转化为电信号被系统接收，通过分析应力波的波形、频率、幅值、时程、波数等信号特征，实现对材料的损伤探测。很多材料变形或者破坏时的声发射信号不是很弱就是频率不在可听域范围内，人的耳朵不能听到，需要使用精度和灵敏度很高的专业仪器才能检测出来。使用仪器对材料的声发射信号进行采集、记录和分析从而推断出发射源的技术，被称为声发射技术。声发射技术作为当前的一种新型的无损检测技术，涉及很多概念，包括声发射信号的发生、声发射波的传播、模/电转换、信号的分析、数据的显示和记录、解释等。其基本原理示意图如图 2-21 所示。

图 2-21　声发射技术基本原理示意图

声发射检测的主要目标是：确定声发射源的部位；分析声发射源的性质；确定声发射的时间或载荷；评定声发射源的严重性。

风力机叶片的材料是纤维增强复合材料（FRP），由纤维和环氧树脂胶合而成。目前，小型风力机叶片常用的是玻璃纤维，大型风力机叶片多采用玻璃纤维和碳纤维复合材料。对于采用纤维复合材料的叶片故障诊断，采用疲劳损伤模式进行分析，通常认为：①树脂基体断裂；②纤维与树脂基体脱胶；③纤维断裂。对于这三种疲劳损伤模式对应的声发射信号特点，学者们做了大量研究，得到了相对一致的结果，即树脂基体断裂声发射信号能量、纤维与树脂基体脱胶声发射信号能量、纤维断裂声发射信号能量呈递增的趋势。

1994 年，学者 S. Barre 和 M. Benzeggagh 得出树脂基体断裂声发射信号能量 40～55dB，纤维与树脂基体脱胶声发射信号能量 60～85dB，纤维断裂声发射信号能量 85～95dB。1999 年，学者 G. Kotsikos 等得出树脂基体断裂声发射信号能量 40～55dB，纤维与树脂基体脱胶声发射信号能量 60～75dB，纤维断裂声发射信号能量大于 80dB。2000 年，学者 P. Margueres 等得出树脂基体断裂声发射信号能量介于 50～60dB 之间，纤维与树脂基体脱胶声发射信号能量 60～65dB，纤维断裂声发射信号能量介于 64～90dB 之间。

纤维复合材料叶片的三种破坏模式对应的声发射信号特点可以对叶片损伤类型、损伤阶段、损伤程度进行量化评估，实现损伤识别的目的。除了基础研究，学者们也尝试将声发射技术应用到实际叶片监测中。

将声发射监测系统用于大型风力机叶片垂直叶片方向静力加载破坏试验的研究中。试验结果发现，声发射传感器（PZT）可以接收到宽频的声发射信号，包括人耳可以听到 20Hz～20kHz 的高频信号，也包括人耳分辨不出的 20～1200kHz 的高频信号。另外，通过试验分析得出叶片损伤声发射信号围绕某一潜在的位置集中出现，并且叶片最终在此位置破坏，这一特性对于识别损伤位置很有帮助，也再次证明了声发射技术的灵敏性和用于叶片监测的可行性。

将声发射监测系统用于风力发电机组叶片疲劳加载下的损伤破坏试验监测中，将声发射信号通过幅值和能量进行分类，可以根据声发射信号的特征参数推断叶片的损伤类型，进一步提高用于叶片监测的声发射系统的损伤识别能力。也可以基于对信号特征的分析，采用模式识别的方法实现对损伤程度的量化评估。同时，为了提高损伤定位和损伤评估的精度，可以采用以 PZT 为感知单元的神经网络监测系统（SNS），将 PZT 以阵列的方式排布，大幅增加传感器数量，并将阵列中的横行和纵列串联，采用独立的微电子处理器处理后再向接收系统传输，解决了由传感器数量增加导致的数据量激增的问题，同时大幅提高了声发射监测系统的损伤定位精度，取得了较好的效果。

声发射技术用于风力发电机组叶片损伤监测的优点是灵敏度高，基于声发射的主被动探测方法丰富，相关研究领域成果层出不穷，可以实现损伤定位和损伤评估。缺点主要有：①监测数据量巨大，由于声发射信号频率高，要求采集系统具有极高的采样频率，这样就造成数据量激增，若多传感器长期监测将产生海量数据，有用信息的提取和基于信号的损伤识别都存在困难；②实际监测环境复杂，损伤识别精度不理想，由于实际叶片应力波传播介质途径复杂，加之环境噪声、电磁干扰将造成信号难以分辨，以至于损伤识别精度有限；③PZT 的疲劳寿命存在问题，PZT 是一种脆性陶瓷，在服役过程中的疲劳问题是监测系统的隐患。

2.4.1.2　热成像方法

红外辐射的物理本质是热辐射，其辐射力 W 可由斯蒂芬玻尔兹曼定律表示为

$$W = \varepsilon\sigma T^4 \qquad\qquad (2-1)$$

式中　　W——辐射力，W/m^2；

ε——灰体发射系数（发射率）；

σ——斯蒂芬玻尔兹曼常数，$\sigma = 5.669 \times 10^{-8}\,\mathrm{W/(m^2 \cdot K^4)}$；

T——绝对温度，K。

依据该定律，如图 2-22 所示，给物体施加均匀的热流，若材料的热性质均匀，则材料表面温度场处处一致。如果材料中存在与基体材料热性质（尤其是热导率）不同的缺陷，将导致缺陷处相应表面的温度和红外辐射强度异常。只要材料表面具有一定温度，就产生热辐射，利用热像仪便可测出该表面温度，不同的温度在红外热像上表现为不同的颜色。故分析其表面红外热像图可以推知复合材料内部的缺陷情况，从而对材料进行缺陷检测和质量评估。

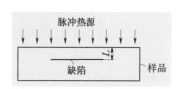

图 2-22　热成像无损
检测理论模型
L—缺陷距表面的深度。

热成像探测技术应用在叶片故障诊断上的核心是通过探测连续介质中导热系数异常点来进行损伤探测。材料内部的裂缝、分层等损伤会造成该区域导热系数不连续，通过制造材料不同部位之间、材料与环境之间的温度差在材料内部形成热传递，再使用红外线热探测摄像机成像，找到材料中导热系数异常点，完成损伤探测。

另外，材料的导热系数与材料所受应力有关，应力的高低影响导热系数的大小，这种效应称为热弹应力效应。因此，对服役结构进行损伤探测通常使用热弹应力法，获得结构的应力分布的同时进行损伤探测。

在风力发电机组叶片截段疲劳试验中使用热弹应力方法探测截段叶片疲劳损伤和应力分布。通过试验得到截段叶片应力分布，应力集中区域，并可实现材料疲劳损伤探测。除了被动监测，也可通过主动激发叶片振动，在叶片中形成应力波，应力波的传播导致材料应力出现周期变化，叶片各处将出现应力不均匀，再使用热弹应力法获得结构应力分布，进行损伤探测。其中主动激发叶片振动可以使用高能振荡激励，也可使用超声激励等。

由于叶片本身不产生热量，因此被动的热成像技术无法在叶片监测中应用，主动热成像技术对工作叶片来说应用比较困难，因此热成像技术由于其自身探伤原理和成像仪器的局限性，比较适合于风力发电机组叶片在制造过程中的损伤监测，对于实际叶片监测还有一定困难。

2.4.1.3　超声检测方法

超声探伤技术是利用超声波在材料中传播遇到损伤位置将产生反射的原理对材料进行损伤探测。超声探伤是近些年发展比较成熟的损伤探测技术，在金属材料、混凝土材料、纤维复合材料中都有广泛的应用，相关仪器产品也比较成熟。

超声探伤系统的基本构成包括超声信号发射端和超声信号接收端。信号处理主要关注超声波传播时间和幅值，传播时间用于损伤定位，信号幅值用于表征损伤程度，测试精度可以达到毫米量级。最简单的是在材料的正面发射一个超声信号，在材料背面接收信号，通过分析信号的幅值、频率、峰值时差等进行损伤探测、定位。也可以只用一个超声探头，该探头既是发射端也是接收端，通过分析反射峰的幅值和时差进行损伤探测和定位。

试验表明，对于垂直超声波传播方向的裂纹、分层等损伤，超声检测效果良好，对于其他角度的损伤，特别是平行超声波传播方向损伤探测效果较差。超声成像技术（AWI）是基于超声探伤原理的可视化损伤检测技术。它利用多点超声激励，在结构表面扫描接收各空间层超声信号，通过数据处理还原波动图像，获取超声反射界面，实现可视化损伤检测。

利用超声成像技术对复合材料胶合介质进行检测，对复合材料进行多点 PZT 超声激励，获得了材料超声波动图像，捕捉到超声波损伤反射界面。超声波图像在不同传播时间下的图像如图 2-23 所示。

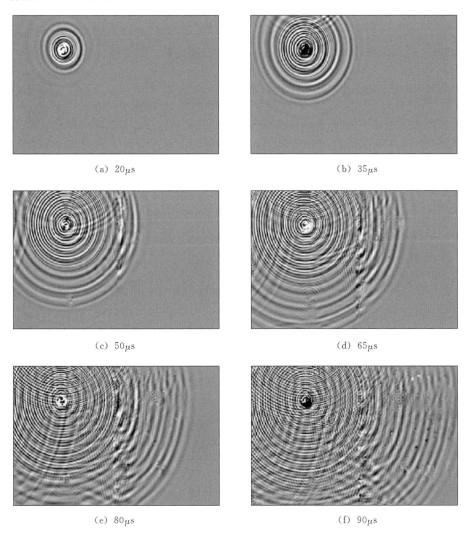

(a) 20μs   (b) 35μs

(c) 50μs   (d) 65μs

(e) 80μs   (f) 90μs

图 2-23 超声波图像在不同传播时间下的图像

超声探伤技术优点在于：结构简单，精度较高，可实现损伤定位和损伤程度表征，在材料损伤检测领域有成熟的应用经验。缺点在于：①探测精度受材料损伤的角度影响；②探测范围有限，只能实现局部损伤探测；③对于材料损伤检测有效，但对于大型风力机叶片，很难形成有效的监测系统。

2.4.1.4 X 射线技术

X 射线探伤技术是最直接的损伤检测技术。X 射线可以穿透复合材料，在损伤位置的衰减率与其他位置不同，通过分析 X 射线的阴影图像，获得 X 射线在传播路径上的衰减变化，实现损伤检测。X 射线探伤精度极高，最高可以实现 $10\mu m$ 量级的损伤探测，可以检测出纤维复合材料中的裂缝、孔洞、纤维走向等信息，非常适合应用于风力发电机组叶片生产加工过程和成品叶片的质量检测。

学者 L. Lading 构想利用 X 射线探伤技术构建风力发电机组叶片远程健康监测系统，并提出为实现这一目标必须将 X 射线发射装置和接收装置小型化。X 射线探伤技术优点在于精度高，探伤效果好；缺点在于对沿 X 射线方向裂纹无法检测，目前只能应用于叶片的生产加工及成品检测，无法形成有效的健康监测系统。

2.4.2　基于振动的模态分析损伤识别方法

模态分析法是最早的也是最通用的损伤识别方法，由于它可以在任意尺度的结构中使用，结构可以通过环境激励、外部振动激励、内部作动器激励等多种方式进行激励，通过内嵌应变片、压电片、加速度传感器等各种传感器监测结构的动态响应。这种方法的主导思想是求解模态参数，例如频率、振型、阻尼、传递函数等，通常是通过试验将采集的系统输入与输出信号经过参数识别获得模态参数。当结构由裂缝产生损伤或者构件之间连接损伤，将会导致结构的模态参数发生变化，通过识别并比较模态参数变化进行损伤识别。基于振动的模态分析已经发展出很多成熟的模态参数识别方法，例如频域的最小二乘圆拟合法、差分法、非线性加权、直接偏导数法、Levy 法、正交多项式拟合法、时域的随机减量法、ITD 法、LSCE 法、ARMA 时序分析法、PRCE 法、ERA 法。基于这些算法的模态参数识别和损伤识别，根据对叶片的不同激励形式，下面分别举例说明。

（1）用力锤激励和环境激励形式。在转动叶片上布设 16 个加速度传感器和 13 个应变片，如图 2-24 所示，使用加速度和应变片采集叶片振动响应，通过模态分析运用多种损伤识别方法对叶片进行损伤识别。某试验结果见表 2-1，由损伤识别结果可见，结构的损伤引起模态参数较大变化，可以实现对叶片的损伤识别。

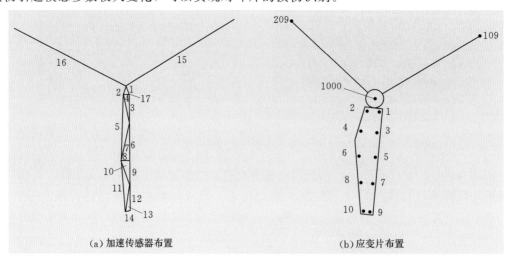

(a) 加速传感器布置　　　(b) 应变片布置

图 2-24　加速传感器和应变片布置

表 2-1　损伤识别结果

振型	健康/Hz	轻微损伤/Hz	重度损伤/Hz
振动型	3.18	3.09	2.95
伞型	3.73	3.71	3.67

（2）多点激励形式。使用 PZT 对叶片进行多点激励，并使用 PZT 和扫描激光多普勒振动仪分别测量叶片局部和全局的振动反馈并进行模态分析，并针对叶片的损伤识别提出四种有效的算法：传递函数法、共振比较法、偏移形状法、导波法。通过试验发现，多点激励使得损伤识别精度有了较大提高。

（3）除了基于加速度传感器、扫描激光多普勒振动仪和 PZT 的模态识别方法外，数字图像相关技术也可以归于基于模态分析的风力发电机组叶片监测技术。这种方法的原理是利用数字照相机捕捉目标结构上感兴趣的区域，目标局域首先进行喷漆，喷成黑色背景白色斑点的图案。用数字图像相关算法去比较各个图像帧的特性，可以获得该区域的实时位移。结合结构模态分析的办法可以识别全局结构的完整性。试验结果显示，这种测试方法的分辨率和精度可以和激光多普勒振动仪相近，但是成本大大降低。这种方法甚至可以进行 3D 视图，但是用于叶片健康监测系统上的监测能力还有待证实。

基于振动的模态分析损伤识别方法优点在于相关损伤识别算法成熟，在其他结构上都有较好的应用经验，并且允许环境激励，可以实现有效的在线监测；缺点在于损伤识别效果不理想，只能得到整体的损伤指标和传感器所在区域附近的局部损伤指标，损伤定位精度不佳。

2.4.3　基于智能结构的损伤自识别方法

智能结构是指具有自感知、自适应、自修复等功能的结构，通常通过给结构植入传感网络和使用智能材料等方法实现结构智能化。对于风力发电机组叶片的智能化，通常采用的办法有光纤监测法、压阻监测法、形状记忆合金法。

2.4.3.1　光纤监测法

光纤传感器近年来在土木工程中被大量的研究、开发和应用，是土木工程领域最热门的一类传感器，它具有独特的优势，例如不受电磁干扰等。光纤传感器在纤维增强复合材料（Fiber Reinforced Plastics，FRP）材料及叶片健康监测领域应用的技术有：光纤强度监测法、光纤布拉格光栅（Fiber Bragg Grating，FBG）监测法、光纤保险丝法、微弯光纤法。

（1）光纤强度监测法是将光纤粘贴在叶片表面或者是植入到叶片中，测试叶片的荷载和裂纹。光在光纤中传播沿途会有一定衰减，衰减率取决于光纤的应变，基于此原理可以测量光纤的应变。通过在光纤一端注入激光，在另一端测量光功率，随着光纤应力升高光纤的衰减逐渐增大，接收端光强以线性关系衰减，当有裂缝产生时，光强急剧衰减，这是光纤测量应变和裂缝最简单的办法。学者 N.Takeda 利用内嵌光纤的方法监测复合材料的微小裂纹，通过探测复合材料受力开裂过程中光纤光强衰减率，得到图 2-25 结果。可见应变增大光功率减小，当裂纹出现时，光功率急剧下降，因此可以实现对叶片裂纹的

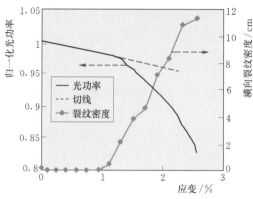

图 2-25　基于光纤光强探测的复合
材料裂纹损伤监测结果

检测。

（2）光纤布拉格光栅的传感原理是通过高能紫光外照射纤芯，打破材料中高度稳定的硅氧键使该区域折射率升高，控制紫外线的照射方式，可以在纤芯上形成折射率周期变化的一段光栅。光栅所在位置应变变化将引起光栅有效折射率 n_{eff} 和光栅周期 Λ 的变化，进而导致反射波长 λ_B 的变化，$\lambda_B = 2n_{eff}\Lambda$。通过测量反射波长的变化量可以测得结构的应变。同时可将小直径 FBG 内嵌于 CFRP 板中，利于 FBG 接收复合材料损伤过程中的 Lamb 波，通过分析波的特性识别出 CFRP 板分层裂缝的长度，实现对 CFRP 板的损伤识别。

（3）光纤保险丝法是在叶片制作过程中，将光纤埋入纤维布间环氧胶结层，如果光纤所在位置没有损伤，那么光纤将允许光通过，如果光纤所在位置存在损伤，导致应力突变，甚至光纤断裂，那么光在光纤中传播将急剧衰减，甚至不能通过，这样就可以实现损伤监测。

（4）微弯光纤法是利用光在光纤中传播强烈受到光纤弯曲的影响，在叶片制作过程中预制微弯光纤，当叶片拉伸或压缩时，光纤的弯曲程度就会发生变化，这样光在光纤中传播的强度就会受到影响。基于此原理可以测量结构位移和应变，对结构进行损伤监测。

2.4.3.2　电阻监测法

碳纤维复合材料（CFRP）由于碳纤维的存在是具有导电性的，对于玻璃纤维复合材料也可以通过在树脂中掺入石墨、炭黑等导电材料使其整体具有导电性，再利用纤维复合材料的导电性对其损伤进行监测。电阻监测法的基本原理是当纤维复合材料产生损伤时，两电极间电流传播路径将会部分中断，导致电阻升高，通过监测电阻的变化实现对材料的损伤检测，如图 2-26 所示。

叶片的材料是纤维增强复合材料（FRP），由纤维和环氧树脂胶合而成，将石墨掺入环氧树脂中，利用石墨-环氧树脂的导电性，对纤维复合材料损伤进行监测，是一种基于电阻监测的智能纤维复合材料损伤自感知方法。

利用 CFRP 的电阻效应，监测纤维复合材料在疲劳累积损伤过程中由于材料刚度下降引起的电阻变化，提出了基于 CFRP 电阻效应的纤维复合材料疲劳损伤监测方法。

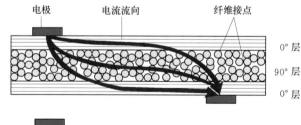

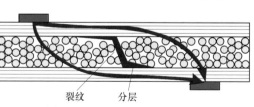

图 2-26　基于电阻监测的智能纤维
复合材料损伤自感知方法

2.4.3.3 应变记忆合金法

应变记忆合金是一种具有应变记忆功能的智能材料，它能够记忆应变的原因是应变作用会使材料内部晶体由一种晶体状态向另一种晶体状态产生不可逆转变。初始状态晶体为奥氏体结构，具有顺磁性；变形后部分晶体转变为马氏体结构，具有铁磁性。马氏体结构晶体的形成与材料所受应力成正比，因此测量由应变记忆合金制作的构件的铁磁化率可以间接得到构件所受到的应变峰值。由于晶体结构转变的不可逆性，应变记忆合金只能被动记忆所经历的峰值应变，但也正因为其记忆功能，它不需要全过程能量供应及数据存储设备，能量仅需在传感器数据读取的短时间内供应，并且数据存储在传感元件的内部。

实验中，在复合材料板中嵌入应变记忆合金，记录复合材料板在受力过程中的峰值应变，通过超导量子干涉仪测量应变记忆金属的磁化率，对复合材料进行损伤监测。

基于智能结构的损伤自识别方法的优点在于结构具有自我感知能力，能够自我感知识别内在的损伤；缺点在于智能结构往往要在结构内部添加或嵌入智能材料，对结构整体性有一定破坏，而且一般都是局部损伤监测。

2.5 叶片监测系统

叶片的运行状态和部分故障信息可以在风轮的振动信号中反映，故某国际公司开发了叶片监测系统，其叶片结构如图 2-27 所示。系统包括 4 个加速度传感器，每支叶片加装 1 个，轮毂上加装 1 个，4 个传感器通过线路将信号传给安装在轮毂测量模块，然后通过无线或有线的方式将信号传递给安装在机舱内的通信中继模块，中继模块再将信号传给安装在顶部柜或底部柜的诊断和通信单元，然后通过以太网将信号传递给数据库，由分析人员对信号进行分析，将分析结果通过邮件、短信和可视化界面（如图 2-28 所示）分享给其他人，同时系统将根据不同的分析结果对机组进行一定的控制。

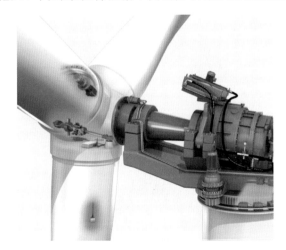

图 2-27 叶片监测系统结构

加速度传感器监测叶片及轮毂的振动信号，主要包括叶片挥舞及摆振两个方向的加速度，然后分别对挥舞及摆振信号进行时域及频域分析，通过持续对比 3 支叶片的频谱，从中找到某支叶片发生的问题。图 2 - 29（a）、（b）为某个叶片传感器监测到的摆动和挥舞的加速度信号，图 2 - 29（c）为三支叶片在某段时间内的特征频率，可以看到三个叶片的特征频率非常接近，表明此时叶片处于正常状态。

叶片监测系统可以监测叶片的各种异常情况，包括雷击、损伤、污染、结冰等，通过不间断监测，系统可在损伤开始初期即能发现损伤问题，避免损伤扩大，将损失降到最低。

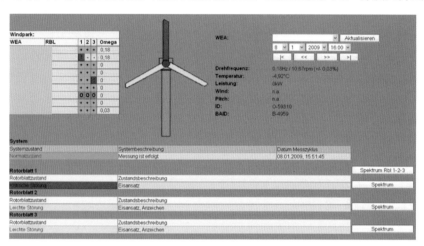

图 2 - 28　叶片监测系统可视化界面

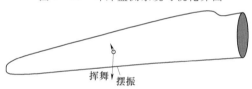

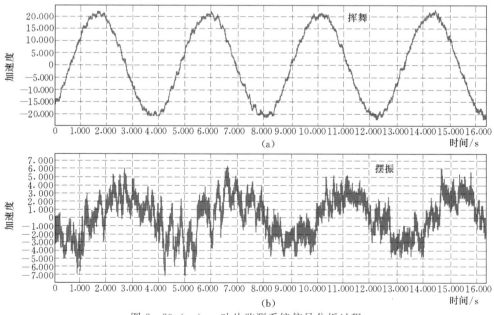

图 2 - 29（一）　叶片监测系统信号分析过程

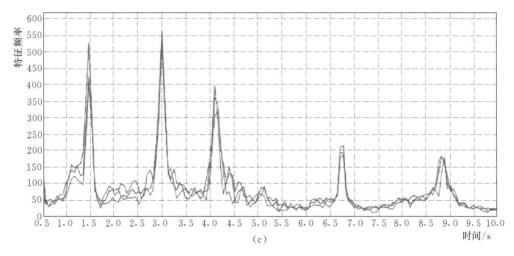

图 2-29（二） 叶片监测系统信号分析过程

2.6 叶片的运行维护

叶片和轮毂是机组的核心部件，在正常运行中对其维护必不可少。为了保证叶片安全运行，早期发现故障并进行相应处理，检查人员需定期对叶片进行相应的维护。

2.6.1 操作步骤

对叶片进行维修保养前的准备有以下操作步骤：

（1）风力发电机组停机，叶片处于顺桨状态。

（2）锁紧风轮（用锁紧销将风轮锁紧）。

（3）断开偏航与变桨系统。

（4）激活急停按钮。

2.6.2 定期维护内容

风力发电机组叶片定期维护内容包括以下方面：

（1）定期检查油漆与涂层。该项维护工作每年进行一次。当检查有涂层脱落现象，在记录机组编号、叶片编号及破损位置的基础上，联系风力发电机组制造商或叶片制造商进行涂层修复。

（2）定期检查是否有裂纹和断层。正常情况下，该项维护工作每年进行一次。检查人员应沿着叶片的边缘查找裂纹。发现裂纹需详细记录裂纹位置、长度，可能情况下最好做出标记，同时需停机并咨询风力发电机组制造商或叶片制造商。为安全起见，每次雷电过后需检查叶片是否被雷击损坏。

（3）定期检查排水孔是否被堵塞。尽管叶片有很好的密封，叶片内部仍可能有冷凝水。叶片中设有排水孔，用来排放渗入的水，以避免对叶片产生危害。排水孔一般在叶尖处设置一小孔，在叶根颈部处设一小孔，使叶片内部形成空间通道。检查人员应每年进行一次排水孔是否堵塞的检查。发现排水孔被堵塞，维修人员可以用钻头重新钻孔。

（4）定期进行螺栓维护。叶片根部通常用等距双头螺柱与变桨轴承连接，在风力发电机组运行 1 个月后螺柱需要维护，之后每半年进行维护。螺母的终端位置距松开前位置相差小于 20°，表明预紧力仍在限度内。如果一个或多个螺母超过 20°，则所有的螺母必须逐个松开并重新拧紧。

对任何部件螺栓的检修都必须进行详细的数据记录。松动的螺栓意味着潜在的风险，必须将螺栓立即拧紧。如果多个螺栓出现问题或反复出现问题，应立刻与风力发电机组制造商联系。

（5）定期进行叶片防雷导线的维护。该项维护工作应每 6 个月维护一次。各个叶片有内置的防雷电系统，包括一个位于叶尖的金属接闪器、一根直径不小于 70mm² 铜电缆沿着前缘侧筋板根部向法兰区铺设。检查人员应检查防雷导线的连接情况，如有松动和破损，由维修人员接牢或更换。

2.6.3 异常现象及处理方法

叶片在运转过程中，正常时是风吹过叶片的气流声，巡视时，如果出现其他不正常的噪声，如周期性异响、尖锐的空气噪声等，说明叶片可能出现了故障，需对叶片进行仔细检查，发现问题及时记录现象特征，以便维护、检修。为了延长叶片使用寿命，提高发电效率，对下述不正常现象，运行人员需要给予足够的关注：

（1）叶片噪声。叶片旋转到地面角度时，正常情况下，发出的是"刷刷"声。如果出现哨音或"呼呼"声等鸣声，说明叶片出现噪声，其鸣声一般是由叶片前边表层或顶端上的孔或边缘发出的，表明上述部位可能已出现破损。一般由生产厂家技术人员进行修补，生产厂家服务部门的技术人员可以用玻璃纤维处理或去除这种情况。

叶片上极强的鸣声可能是由于雷电损坏引起的。雷电损坏的叶片必须拆卸下来维修，叶片的修理必须由制造厂家进行。新的或修复后叶片安装需保证与其他叶片保持动平衡。

（2）叶片的裂纹。风力发电机组运行 2～3 年后就可能会出现表面裂纹，机组所处的低温环境和自振也会造成裂纹。裂纹出现的位置非常关键，如果在叶片 8～15m 处出现裂纹，风力发电机组的每次停机、自振会导致裂纹加深、加长。风沙和污垢会扩展裂纹，当叶片出现裂纹，空气中的风沙和污垢会乘虚进入，使裂纹加深、加宽。

裂纹严重威胁叶片安全，裂纹可导致叶片开裂，横向裂纹可导致叶片断裂。如果风力发电机组运转时产生的杂音较大，应引起注意。但叶片裂纹产生的位置一般在人们视线的盲区，加之可能被叶片表面油渍、污垢和盐雾等遮盖，从地面用望远镜很难发现。

如果发现裂纹，对在表层的裂纹，应尽量在裂纹末尾做上标记并记录日期。后期检查若裂纹变大，需要采取进一步措施。如果发现断层，要做出标记，并记录尺寸。如果裂纹是在叶片根部或叶片体上，机组必须停止工作，并由制造厂家进行修理。

（3）转子不平衡。当风力发电机组转速随风速变化时，发生异常的负载变化，可能由转子重量的不平衡或转子安装角的不恰当调整引起。如果该转子不平衡故障与风速变化无关，则可能是由于转子质量的不平衡引起的。发现此类问题须做好标记（包括风力机编号、叶片编号），并与生产厂家联系。如果该变化是由风速变化而引起的，则是因为安装角调整不当所致，须由生产厂家进行尖角测量并对力矩臂位置进行调整。

（4）叶尖磨损。叶尖是叶片整体的易损部位。叶尖是由双片合压组成，叶尖的最边缘是由胶衣树脂粘合为一体，叶尖最边缘近 4cm 的材质是实心。叶尖内空腔面积较小，风沙吹打时没有弹性，是叶片中最薄弱部分，也是磨损最快的部位。

有运行实例表明，叶尖每年都可能有 0.5cm 左右的磨损缩短，叶片的易开裂周期是风力发电机组运行 4～5 年后。这是由于叶片边缘的固体材料已磨损严重，导致双片组合的保护能力和固合能力下降，使双片粘合处缝隙长期暴露在风沙中引起叶片开裂。解决这种开裂问题的措施可在风力发电机组运转几年后做一次叶尖的加长、加厚保护，保证与原叶片所磨损的重量基本吻合。

（5）叶片上的污染物。由于环境影响，叶片边缘或表面可能会落有灰尘或昆虫粪便等污染物。一般情况下，叶片不需要定期清理，一般的污染物可被雨水清除。对于在干燥地区使用的机组或者发现叶片有较大污染物而此时为非雨季，在必须需要清洗时，可以考虑用水、清洁剂清除。进行叶片的清理时需要机组停机、断电。

2.7 叶片故障诊断案例

2.7.1 叶片横向裂纹

2.7.1.1 故障现象

江苏沿海某风电场风电机组，为双馈型、三叶片、电变桨机型，单机容量 1.5MW，塔高 65m，分上、中、下三节，属柔性筒式塔架。所在地属滩涂地区，风电场风资源为 IEC Ⅲ 类，年平均风速 5.8m，机组已运行 2 年，叶片长度 37.3m，材料为玻璃纤维增强树脂。2009 年，在日常检查中，运行人员发现该台机组的一只叶片中部出现横向裂纹，如图 2－30 所示，裂纹位置内部如图 2－31 所示。

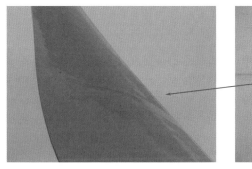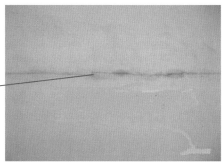

图 2－30　叶片横向裂纹

横向裂纹出现在叶片外表面迎风面，距叶根 11m，距后缘 0.75～1.63m，长度为 0.88m。通过检查叶片内部，叶片内表面未出现裂纹，即裂纹未贯穿叶片壳体。

在发现叶片第一例横向裂纹以后，整机厂家公司对其他风电场进行了检查，发现多个叶片存在横向裂纹问题。随后，叶片厂家也对其他风电场进行了全面的检查，在其他机型上也发现了横向裂纹。在全国范围内出现横向裂纹的数量统计见表 2－2。

表 2 - 2　叶片横向裂纹的数量统计

品　牌	机型 1	机型 2	机型 3
数量	77	93	40

图 2 - 31　叶片裂纹位置内部

通过检查结果得出结论，此次发现的叶片横向裂纹为批量性故障，属于叶片质量问题，共同点如下：

（1）横向裂纹出现在该叶片厂家的该型号叶片上，其他型号叶片未发现裂纹。

（2）裂纹出现在叶片迎风面距叶根 11m 处，位置固定。

（3）裂纹长度从十几厘米到 2m 不等，无规律可循。

（4）不是每支叶片都出现裂纹，故障率为 33%。

（5）只有少数裂纹贯穿叶片表面，叶片内表面出现裂纹，绝大多数叶片内表面正常。

2. 7. 1. 2　故障分析

1. 设计分析

该型叶片翼型为 Wortmann FX 77/79 系列 NACA634，并通过 Germanischer Lloyd 认证，此翼型在国外有长期的使用经验，故可不考虑由于设计原因引起的应力裂纹。

由于同一叶片在不同机型上都出现同样的裂纹，排除由于风力发电机组设计原因引起的批量故障。

2. 结构和材料分析

裂纹处位于主复合层和后缘之间，不是叶片的力学结构，此处为夹层结构，外表面为两层玻纤布，中间为 15mm 厚的 BALSA 木，内表面为两层玻纤布。叶片生产使用的材料为圣戈班玻纤布、雅士兰树脂、BALSA 轻木，材料均为 A 类，此批叶片没有新材料的使用，先不考虑由于材料不合格而引起的叶片故障。

3. 工艺过程分析

此种裂纹最可能的原因是芯材之间间隙过大，于是在出现裂纹叶片和未发现裂纹的进行叶片内部检查。检查结果发现，所有叶片芯材间隙非常紧凑，均小于 1mm，未发现间隙不合格的叶片，排除由于芯材间隙过大导致叶片表面开裂的可能性。

进一步在生产线仔细研究叶片生产工艺过程。叶片芯材铺设工艺示意图如图 2 - 32 所示，通过观察发现：

（1）为了芯材定位准确，生产工艺规定叶片铺设芯材时从叶根和

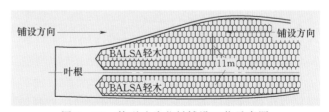

图 2 - 32　某型叶片芯材铺设工艺示意图

叶尖分别定位，从叶片叶根和叶尖向中间铺设。

（2）芯材叶根套料和叶尖套料在 11m 处合拢。

（3）为了芯材间隙小，芯材套料裁剪尺寸使用上公差。在 11m 结合处部分芯材套料出现叠加。

（4）为了将芯材铺平，生产线工人用裁纸刀切割重叠的芯材。

（5）芯材下方的两层玻纤布也受到切割，如图 2-33 所示。

4. 综合分析

综合分析故障叶片的所有特征得出：

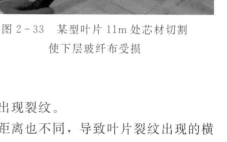

图 2-33　某型叶片 11m 处芯材切割
使下层玻纤布受损

（1）裂纹位置出现在距叶根 11m，芯材套件叠加区域。

（2）由于只有部分芯材需要切割，只有部分叶片出现裂纹。

（3）由于切割芯材的横向位置不同，切割的横向距离也不同，导致叶片裂纹出现的横向位置、长短无规律。

（4）由于叶片中间主复合层到后缘芯材较宽，凹面弧度大，芯材容易不平整，有时需要切割。而叶片中间到前缘较窄，凹面弧度小，一般不需切割。所以裂纹出现在叶片后缘附近。

2.7.1.3　故障处理

基于裂纹是由于玻纤布纵向被切断而不连续引起的，制定维修方案如下：

（1）检查叶片内部，如出现裂纹或玻纤破损应进行错层层压。

（2）打磨叶片外部裂纹，更换芯材。

（3）更换新材后错层层压叶片表面。

（4）叶片表面打磨平整并滚涂油漆。

叶片维修过程如图 2-34 所示。

2.7.1.4　叶片横向裂纹风险分析

由于裂纹出现在夹层结构，不在叶片主复合层，出现裂纹的叶片没有近期的运行风险，开裂的叶片可以继续运行直到维修。裂纹是由于不当工艺引起的，维修后的叶片不会再出现裂纹。

开裂的叶片必须维修，如果叶片长期带裂纹运行，叶片会出项以下致命后果：

（1）裂纹进入主复合层。当裂纹进入主复合层超过 20mm 后，叶片无法修复，必须报废。

（2）裂纹穿透叶片后缘加强层，如图 2-35 所示。维修复杂，有报废风险。

（3）裂纹沿着主复合层和后缘加强层形成 Z 字形，如图 2-36 所示，报废风险加大。

(a) 打磨　　　　　　　　　　　　　　　　(b) 层压

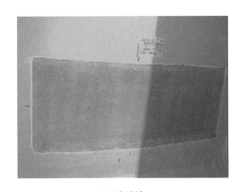

(c) 涂油漆

图 2-34　叶片维修过程

图 2-35　裂纹穿透叶片后缘加强层　　　　图 2-36　裂纹沿主复合层和后缘
　　　　　　　　　　　　　　　　　　　　　　　　加强层呈 Z 字形损坏

2.7.2　叶片不平衡

2.7.2.1　故障现象

以某风电场风电机组为例，该机组所在地属丘陵地形，属双馈、三叶片、液压变浆型风力发电机组；塔高 65m，分为上、中、下三节，属柔性筒式塔架；基础为重力式块状结构，现浇钢筋混凝土独立基础。

机组运行 7 年后，风电场运行人员发现该机组基础的地面外露部分有裂纹，且裂纹数量较多，并且塔架基础环与基础水泥护台之间缝隙较大。在机组运行时，塔架有明显的异常晃动，如图2-37所示。

该风电场委托厂家依次对机组的基础、塔架、机舱传动链、叶轮（叶片）进行了详细的观测、检查和试验，在确保人身、设备安全情况下启动机组并运行，实际检查机组状况。

根据现场对基础的观察，水泥护台有较多径向裂纹（可用肉眼观察到18道），静止状态下裂纹基本闭合，回填土部分开挖后，机组处于并网运行状态下，部分裂纹明显增大，缝隙宽度在约1～1.5mm；现场挖掘回填土之后，可以确认8道较宽裂纹中至少有1道裂纹从水泥护台上表面贯穿至水泥护台与基础主体的连接面［见图2-38（a）］，但裂纹并未向基础主体内延伸；在机组运行过程中，塔架基础环与水泥护台之间的缝隙较大［见图2-38（b）］，二者剥离，塔架摆动时，缝隙最大处可达1～2mm，相对于水泥护台，塔架有上下2～3mm的起伏，同时间歇有水平方向的扭动，约1～2mm。基础主体外表面检查良好，未发现异常。

图2-37 某台机组
基础晃动示意

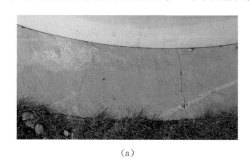

(a)

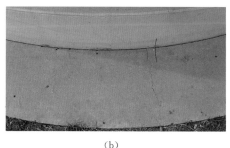

(b)

图2-38 某机组基础裂纹情况

2.7.2.2 故障分析

1. *初步检查*

对塔架内外表面目视检查，未发现有明显异常，未发现塔架焊缝有明显开裂、脱焊等现象。

风力发电机组在运行过程中，转速随风速大小而增减，当风速达到7～8m/s时，此时振动幅度明显增大，水平摆幅是轴向的2倍左右，最大摆幅为0.5～1m。而风速在5m/s左右时，振动幅度明显减小，和正常机组相当。

机组运行过程中，未发现传动部分的异常形变，未察觉发电机、齿轮箱、主轴的异常声响，未发现齿轮箱减振垫等减振环节异常。

叶轮在旋转过程中无异常声响，叶片在变桨过程中无异常声音。

对机组的数据记录进行统计分析发现，机组的振动故障在时间上随机性较大，并无明显的规则。与11#风电机组邻近的3台风电机组为10#、12#、14#风电机组，这3台风电机组正好均匀分布在11#风电机组的周围，统计结果显示，11#机组振动故障次数偏多，见表2-3。

表 2-3　某机组与邻近机组报振动故障次数统计

风电机组	附近机组 1	该机组	附近机组 2	附近机组 3
振动故障次数	0	19	4	6

2. 振动分析

振动监测厂家对该台风力发电机组进行了振动监测。为测量整个塔架的振动规律，在塔架布置以下测点，塔架底部（根部）、平台 1（第一个平台）、平台 2（第二个平台）共计 3 个测点，同时对机组传动链进行了振动测试。塔架相关测量数据如图 2-39 所示。振动监测结果显示，整个机组塔架振动呈规则性振动，且振动频率为叶轮转频，振动的驱动力由运转频率为叶轮转频的相关部件产生。机械传动链未出现明显故障特征频率，其频率主要成分为瞬时主轴承转频（也是瞬时叶轮转频）。故可排除机械传动链部件损伤引起塔架振动的可能性。

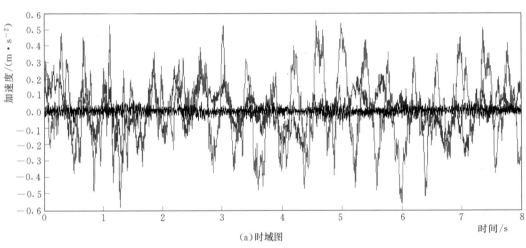

(a)时域图

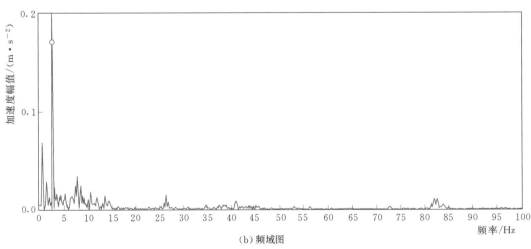

(b)频域图

图 2-39　某风电机组塔架振动水平时域图和频域图

经分析，引起机组塔架振动的主要因素为与主轴转频一致的部件（包括叶轮、主轴与齿轮箱输入轴）。而叶轮旋转半径较大，由于其质量不平衡或自然风与叶片接触产生的升阻力不同，易导致叶片受力不均匀，从而对整个机组产生较大外力，导致振动很大。

3. 混凝土抗压强度检测

风电场外委其他厂家对该机组的基础进行了混凝土抗压强度检测，采用钻芯法在基础上7个地方取了7组试样，取样位置如图2-40所示，检测报告显示，混凝土抗压强度均在30MPa以上，检测结果均正常。

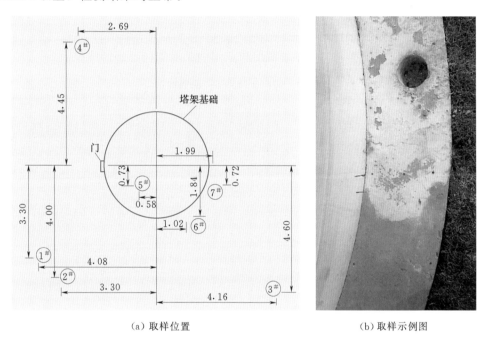

（a）取样位置　　　　　　　　　（b）取样示例图

图2-40　某风电机组基础混凝土取样位置及图示（单位：m）

4. 综合分析

以上检查及检测结果显示，风力发电机组的基础主体性能良好，无明显损伤；基础的水泥护台损伤严重，在塔架的较大幅度振动下，水泥护台受力过大，超出应力设计范围，从而导致护台出现较多径向裂纹；基础环与水泥护台之间的缝隙，是由于塔架的摆动带动损坏的水泥护台做相对运动所致（正常情况下，水泥护台与基础环结合紧密，二者应一起晃动）。

机组的塔架、传动链正常，但不排除塔架、法兰、连接螺栓有隐蔽的损伤。

机组的振源来自于叶轮，并推断，引起叶轮振动的因素有两个：①叶片安装角度不平衡；②叶片配重不均衡，3支叶片的重心位置出现过大偏差。

根据对机组运行情况及相关数据分析，结合基础混凝土抗压强度检测报告得出，由于机组机舱低频振动较大，长期运行，导致基础局部损坏，在一定程度上又使机组的振动幅度加大，因此消除机组振动源是彻底解决故障的根本。

2.7.2.3　故障处理

1. TC 调整及叶片称重

叶片厂家技术人员根据测量结果调整了 TC 线（叶片零位线）位置，并对叶片进行了称重，发现其中一支叶片要轻于另外两支叶片。在现场做了一个配重块并安装到了此叶片中；但经过试运行，问题没有解决。

2. 更换叶片

叶片厂家公司更换一组叶片，并对原叶片进行了工厂称重，见表 2-4。最重与最轻 2 支叶片最大重量差为 12kg，未发现重量存在差异的原因。经叶片厂家计算，在塔高 65m 风力发电机组转子上 12kg 的重量不平衡会在塔筒底部产生约 137kN·m 的弯矩。与基础设计的极限载荷和疲劳载荷相比，分别约为 0.8% 和 2% 的增幅，几乎可被忽略。质量不平衡不是主要原因，气动与质量不平衡同时作用可能是引起问题的最终原因。

表 2-4　某机组叶片工厂称重结果

序号	叶片号	叶片原始重量/kg	序号	叶片号	叶片原始重量/kg
1	叶片 1	1149	3	叶片 3	1139.5
2	叶片 2	1151.5			

3. 问题解决

更换叶片后，经再次振动测试发现振动频谱正常，问题解决，在实际运行中，机组也比较正常，不再发生振动现象。

2.7.3　叶片监测系统

2.7.3.1　结冰监测

在寒冷、高湿地区安装的风力发电机组易发生叶片结冰问题，如图 2-41 所示，造成叶片质量及气动不平衡，增加机组动态负载及静态负载，机组需降功率运行或直接停机，造成发电量损失，同时存在叶片甩冰的危险，所以有必要对叶片进行结冰监测。

图 2-41　叶片结冰图片

叶片监测系统可以对叶片结冰情况进行实时监控，机组运行及停机时主要监测信号不同：①停机时，监测摆振方向频谱；②运行时，监测挥舞方向频谱。

　　系统监测多个项目，包括环境温度、叶轮转速、功率、桨距角，计算叶片振动的特征频率，如图2-42所示，其中：绿色，正常特征频率阈值，无结冰；黄色，叶片结冰提醒特征频率阈值，超过此线，提醒叶片结冰；红色，叶片结冰报警特征频率阈值，超过此线，表明叶片已结冰；蓝色，叶片当前的特征频率。图中的蓝线显示该叶片的两个特征频率当前都处于正常特征频率范围，没有发生叶片结冰现象。

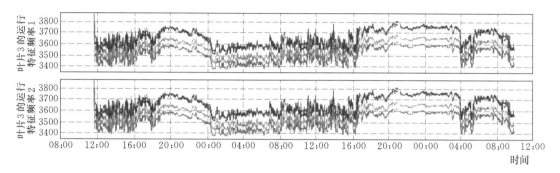

图2-42　叶片结冰趋势分析

　　通过试验可以得出，结冰引起的频率偏移与结冰的分布情况关系最为密切，在叶尖处，少量的冰就能监测到，而在叶根处，很重的冰也很难监测到。

2.7.3.2　损伤监测

　　系统对3支叶片的振动进行持续监测，当某支叶片发生问题时，叶片能够监测到其频谱的变化，以下结合一个案例进行分析。

　　系统对3支叶片频谱进行分析，如图2-43所示，某段时间显示1#叶片频谱范围明显超过其他2支叶片。

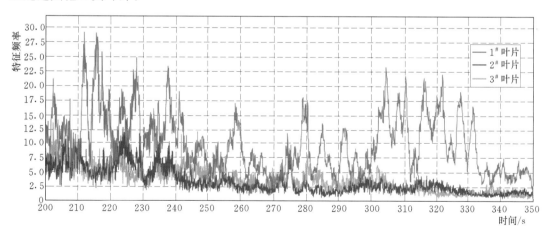

图2-43　叶片频谱分析（红色为1#叶片）

　　通过对问题叶片进行频谱分析，结果如图2-44所示，可知问题在一个周期内循环出现，并且很规律，最终问题是因为叶片内部一个塑料部件松动导致。

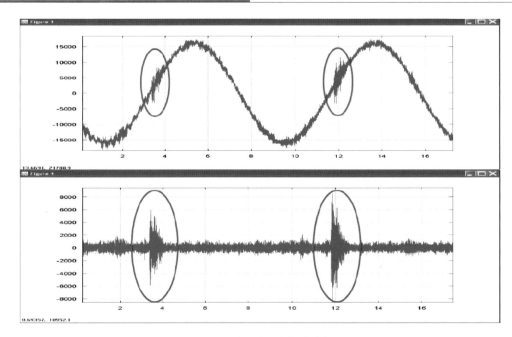

图 2-44 问题叶片频谱分析

第3章　齿轮箱的故障诊断技术

传动系统中齿轮箱是重要部件，齿轮箱的运行是否正常，直接影响到整个机械系统的工作。风力发电机组齿轮箱经常工作在高速、重载、特殊介质等恶劣条件下，且要求运行过程中具有高的平稳性和可靠性。近年来，随着风力发电机组单机容量的不断增大，以及机组的投运时间的逐渐累积，由于制造误差、装配不良、润滑不良、超载、操作失误等方面原因导致的齿轮箱故障时有发生，维护人员投入其中的工作量也呈上升趋势，严重时会因齿轮箱故障或损坏造成机组长期停运事件，由此带来的直接和间接损失很大。因此，研究齿轮箱故障诊断技术具有重要经济意义。

3.1　传动系统结构

传动系统是用来连接风轮和发电机的部件，作用是将风轮系统产生的机械转矩传递给发电机。对于采用齿轮箱进行升速的这种风力发电机组，其传动系统示意图如图3-1所示。传动部件包括主轴、主轴承、增速齿轮箱和联轴器。风轮系统采集的能量经主轴、齿轮箱和联轴器传送到发电机。

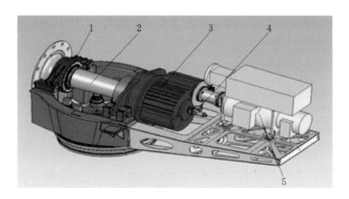

图3-1　风力发电机组传动系统示意图
1—主轴承；2—主轴；3—齿轮箱；4—联轴器；5—发电机

3.1.1　风轮主轴

风轮主轴是连接风轮轮毂和齿轮箱的部件，用滚动轴承支撑在主机架上。由于风力发电机组的结构设计不同，按照支撑方式不同，主轴可分为风轮轴完全独立结构、风轮轴半独立结构、风轮轴为齿轮箱轴结构三种结构形式，如图 3-2 所示。风力发电机组主轴的支撑结构形式与增速齿轮箱的形式密切相关。

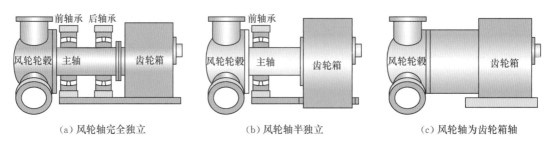

（a）风轮轴完全独立　　　　　（b）风轮轴半独立　　　　　（c）风轮轴为齿轮箱轴

图 3-2　风轮主轴支撑形式

3.1.1.1　主轴的支撑结构形式

1. 风轮轴完全独立结构

风轮轴完全独立结构如图 3-2（a）所示，这种结构下风轮轴与齿轮箱在功能和结构上是完全独立的。主轴由前后两个独立安装在主机架上的轴承支撑。风轮轴独立地承受风轮自重产生的弯曲力矩和风轮的轴向推力。由于前轴承为主要承载部件，前轴承支撑通常尽可能靠近轮毂。此种主轴结构相对较长，制作成本较高。但由于齿轮箱和主轴相对独立，齿轮箱不承担转子的重量和推力，只承担扭矩。且独立齿轮箱结构刹车过程较为平稳，齿轮箱承受的冲击载荷较小。

2. 风轮轴半独立结构

风轮轴半独立结构如图 3-2（b）所示，主轴只有一组前轴承托架，前轴承独立安装在机架上，后轴承与齿轮箱内轴承做成一体。前轴承和齿轮箱两侧的扭转臂形成对主轴的三点支撑，故也称为三点支撑主轴。这种结构决定了风轮轴与齿轮箱共同承受风轮自重产生的弯曲力矩和风轮的轴向推力，同时要求齿轮箱的箱体必须厚重些。这种主轴支撑的结构趋于紧凑，节省了机舱内的空间。

3. 风轮轴为齿轮箱轴结构

风轮轴为齿轮箱轴结构如图 3-2（c）所示，这种形式是主轴承与齿轮箱集成形式，将齿轮箱的第一轴直接作为风轮轴使用。其特点是风轮通过轮毂法兰直接与齿轮箱连接，齿轮箱的第一轴完全承受风轮自重产生的弯曲力矩和风轮的轴向推力，因此齿轮箱的第一轴必须十分粗大，齿轮箱比前两种也厚重了许多。这种结构的优点是主轴装配容易、低速轴与齿轮箱合为一体，齿轮油直接对低速轴轴承进行润滑，机舱结构相对宽敞；但缺点是难于直接选用标准齿轮箱，维修齿轮箱必须同时拆除主轴，同时齿轮箱要直接承受来自叶轮的冲击载荷，在刹车过程中齿轮箱也要承受较大的载荷，对齿轮箱自身质量要求较高。

3.1.1.2　主轴轴承

主轴的前轴承需要承受风轮产生的弯矩和推力，工作在重载和不规则的循环应力的恶劣工况下，通常采用承载能力较强的调心滚子轴承作为径向与轴向的支撑。由于风轮主轴承受的载荷非常大，容易变形；因此轴承必须具有良好的调心性能。同时要设计良好的润滑系统对轴承起到足够的保护作用。

3.1.1.3 主轴与齿轮箱的连接

主轴与齿轮箱输入轴的连接方式主要有法兰、花键、胀套等。随着风电技术向大功率方向发展，胀紧套连接较常见。

3.1.2 齿轮箱

齿轮箱是风力发电机组的主要传动部件，需要承受来自风轮的载荷，同时要承受齿轮传动过程产生的各种载荷，是机组主要故障源之一。

3.1.2.1 特点

（1）传动条件。风力发电机组的齿轮箱属于大传动比、大功率增速传动装置。对于功率在 $1000\sim2000kW$ 的风力发电机组，其风轮最高旋转速度一般在 $13\sim21r/min$，驱动转速为 $1500r/min$ 的发电机，齿轮箱的增速比要达到 $1:120$；由于在高空，维护不便，对其运行可靠性和使用寿命要求较高，通常要 20 年；设计过程难以准确确定设计载荷，其结构设计与载荷谱的匹配问题在很大程度上是导致故障的重要诱因。

（2）运行条件和环境恶劣。风力发电机组的齿轮箱常年运行于高温、严寒、盐雾、高原等极端自然环境下，且安装在高空，维修不便。因此，除机械性能外，对部件材料低温状态下抗冷脆特性都要考虑。齿轮传动装置需要配备合适的加热和冷却措施，保证润滑系统的正常工作和充分润滑条件，并对润滑情况进行监测，以保证机组长期的自动安全运行状态。

（3）在满足传动效率、可靠性和工作寿命的前提下，以最小体积和重量为目标，尽量选择简单、可靠、维修方便的结构方案。但结构尺寸与可靠性方面的矛盾，以及机组单机功率的不断增大，对齿轮箱的设计形成很大压力。同时齿轮箱的输入端（或输出端）设有机械制动装置，配合风轮的变桨制动实现对机组的制动功能。但制动产生的载荷对传动系统会产生不良影响，应考虑防止冲击和振动措施，设置合理的传动轴系和齿轮箱箱体的支撑。

3.1.2.2 分类

齿轮箱按内部传动链结构可分为平行轴结构齿轮箱、行星结构齿轮箱和平行轴与行星组合的结构齿轮箱三大类。

1. 平行轴结构齿轮箱

平行轴结构齿轮箱的输入轴和输出轴是平行的，不在同一条直线上。平行轴齿轮箱一级传动比比较大，但体积较大。平行轴结构齿轮箱的噪声较大。

2. 行星结构齿轮箱

行星结构齿轮箱的输入输出轴在同一条轴线上，由一圈安装在行星架上的行星轮，与内侧的太阳轮和外侧与其啮合的内齿圈组成。如图 3-3 所示，位于中间的齿轮称为太阳轮，其轴线可动的齿轮称为行星轮，行星轮与太阳轮及外部的内齿圈啮合，太阳轮和内齿圈的轴线不变。行星轮的传动效率高于平行轴齿轮箱，结构紧凑，噪声也比

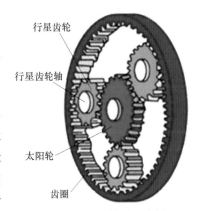

行星齿轮

行星齿轮轴

太阳轮

齿圈

图 3-3　行星轮系示意图

较小，但结构比较复杂。

3. 平行轴与行星组合结构的齿轮箱

平行轴与行星组合结构齿轮箱，可以集成平行轴、行星齿轮传动的优点。风力发电机组齿轮箱主要采用这种形式制造多级齿轮箱，以达到缩小体积、减轻重量、提高承载能力和降低成本的目的。

3.1.2.3　典型设计

1. 结构

对于功率在 1000～2000kW 的风力发电机组，其风轮最高旋转速度在 13～21r/min，驱动转速为 1500r/min 的发电机，齿轮箱的增速比要达到 1∶120。为了使大齿轮和小齿轮的使用寿命比较接近，一般每级齿轮的传动比通常在 1∶3～1∶5 之间，所以大型风力发电机组增速齿轮箱典型设计，多采用行星齿轮与平行轴齿轮组合轮系的传动方案，用三级齿轮传动实现。一级行星轮系加两级平行轴齿轮、两级行星轮系加一级平行轴齿轮是大功率的风电齿轮箱主要结构形式。

（1）一级行星两级平行轴齿轮传动。

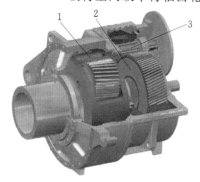

图 3-4　齿轮箱立体图

1—行星轮系；2—中间轮系；3—高速轮系

有些风力发电机组整机制造厂选取的机组齿轮箱是一级行星轮和两级平行轴齿轮传动结构。叶轮旋转带动主轴通过卡盘与行星架相连从而传递动力和运动，其不足之处是少了一级行星轮传动，均载性能稍差，这就需要齿轮和轴承具有较高的抗疲劳破坏能力。

图 3-4 为一级行星两级平行轴齿轮传动齿轮箱立体图。其传动系统分为行星轮系和定轴轮系两部分。其传动路线是：桨叶→传动轴→收缩套→行星架→太阳轮→第一级平行轴大齿轮→第一级平行轴小齿轮→第二级平行轴大齿轮→第二级平行轴小齿轮→发电机。

行星轮系如图 3-5 所示，其实现了传动比的调节和载荷均布。能量的分配是通过三个行星齿轮实现的，其均载效应使其扭矩减少了 6～7 倍，转速增加到扭矩减少的倍数。齿轮箱外壳配置了内齿圈，确保了结构的紧凑。

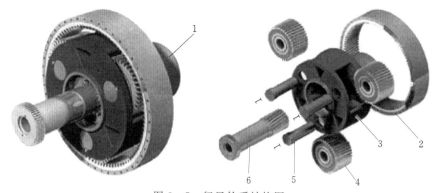

图 3-5　行星轮系结构图

1—输入轴；2—内齿圈；3—行星轮架；4—行星轮；5—行星轮轴；6—太阳轮轴

定轴轮系结构如图 3-6 所示，定轴轮系接受来自行星轮系传递的转速和扭矩，实现通过斜齿轮变速来实现增速，达到发电机转速要求。

（2）两级行星系加一级平行轴齿轮。

有些风力发电机组整机制造厂选取的机组齿轮箱是两级行星轮和一级平行轴齿轮传动结构。行星架把运动和动力输入给齿轮箱，通过两级行星轮机构的增速均载后，再传递给一级平行轴齿轮增速后通过联轴器输出给发电机工作。其结构复杂，成本增加。两级行星系加一级平行轴齿轮的结构如图 3-7 所示。

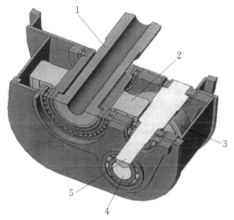

图 3-6　定轴轮系结构图

1—低速齿轮轴；2—低速齿轮；3—中间
轴齿轮；4—中间轴；5—高速轴

图 3-7　两级行星系加一级平行
轴齿轮的结构

其传动路线是：桨叶→传动轴→收缩套→第一级行星架→第一级太阳轮→第二级行星架→第二级太阳轮→平行轴大齿轮→平行轴小齿轮→发电机。

2．齿轮、轴承、箱体

齿轮箱的齿轮要求齿面硬度高、齿轮心部韧性大、传动噪声小，对齿轮的材料、结构、加工工艺都有严格的要求。

齿轮箱轴承的尺寸很大，精度很高。其种类很多，主要靠齿轮箱中的齿轮油润滑。如果润滑油中金属颗粒比较多，会使轴承寿命大大缩短。

箱体是齿轮箱的重要部件，它们承受风轮的作用力和齿轮传动过程产生的各种载荷；因此为保证传动质量，必须具有足够的强度和刚度。为了降低齿轮箱的噪声和保证主轴、齿轮箱、发电机的同轴度，多数齿轮箱在机架上采用浮动安装。如为了减小齿轮箱传递到机舱机座的振动，将齿轮箱安装在弹性减振器上。最简单的弹性减振器是用高强度橡胶和钢结构制成的弹性支座块和弹簧。

3．高速联轴器

高速联轴器连接齿轮箱高速轴与发电机主轴，为柔性连接，可以在发电机中心产生一定位移时仍能安全运行。当传动链受到过大的冲击载荷时，联轴器会发生打滑，以防传动链受到过大的载荷。

3.2　齿轮箱的主要故障

传动系统中齿轮箱是重要部件，齿轮箱的运行是否正常，直接影响到整个机械系统的工作。齿轮箱常年工作在酷暑、严寒等极端自然环境中，在高速、重载下运行的齿轮，其工作条件又相对比其他零部件恶劣。而且齿轮在机械加工中是一种高度复杂的成形零件，因此在齿轮传动系统中齿轮本身的制造、装配质量及其运行、维护水平都是影响其故障产生的关键因素。表 3-1 给出了风力发电机组齿轮箱的主要损坏类型。

表 3-1　齿轮箱的主要损坏类型

损坏部件	故障比例/%	损坏表现形式
齿轮	60	断齿、点蚀、磨损、胶合、偏心、锈蚀、疲劳剥落等
轴承	19	疲劳剥落、磨损、胶合、断裂、锈蚀、滚珠脱出、保持架损坏
轴	10	断裂、磨损
箱体	7	变形、裂开、弹簧、螺杆折断
紧固件	3	断裂
油封	1	磨损

在齿轮箱的失效部件中，齿轮、轴承所占的比重约为 80%，所以对齿轮箱振动的故障诊断中，齿轮和轴承的故障诊断非常重要。下面主要介绍齿轮和轴承的一些故障类型。

3.2.1　齿轮的主要故障

齿轮由于结构形式、材料与热处理、操作运行环境不同，故障形式也各种各样，因此了解齿轮的失效形式对诊断齿轮箱故障是非常重要的。齿轮的失效类型很多，基本上可分为两类：①制造和装配不善造成的，如齿形误差、轮齿与内孔不同心、各部分轴线不对中、齿轮不平衡等；②齿轮箱在长期运行中形成的失效，此类更为常见。由于齿轮表面承受的载荷很大，两啮合轮齿之间既有相对滚动又有相对滑动，而且相对滑动摩擦力在节点两侧的作用方向相反，从而产生力的脉动，在长期运行中导致齿面发生点蚀、胶合、磨损、疲劳剥落、塑性流动及齿根裂纹，甚至断齿等失效现象。

图 3-8　齿轮断齿

1. 齿轮裂纹、断齿

齿轮上由于各种原因造成的裂纹是断齿损伤的前兆。轮齿在承受载荷时，如同是悬臂梁，在轮齿的根部受到循环弯曲应力的作用，当这种应力超过齿轮材料的弯曲疲劳极限时，就会在齿根部引起疲劳裂纹，并逐步扩展，当裂纹齿轮强度无法承受载荷时，就会发生断齿，其实物图如图 3-8 所示。断齿原因主要有以下两种：

（1）由于多次重复的弯曲应力和应力集中造成的疲劳折断。

（2）由于突然严重过载或冲击载荷作用所引起的过载折断。

2. 齿面点蚀

点蚀的发生机理与裂纹有着密切关系。齿轮工作时，在齿面啮合处，由于循环交变应力长期作用，当应力峰值超过材料的接触疲劳极限，经过一定应力循环次数后，在表面层开始产生微细的疲劳裂纹，裂纹进一步扩展最终会使齿面金属小块剥落，在齿面形成小坑，形成早期点蚀，如图 3-9 所示。其特征是麻坑，体积小、数目少、分布范围小，一般发生在节线附近且靠近齿根部的区域。早期点蚀的小麻坑可能随运行时间进一

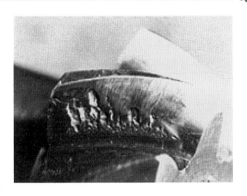

图 3-9 齿面点蚀

步扩大，数目逐渐增加并连成大麻坑，形成扩展性点蚀，造成齿面金属块剥落，其特征是麻坑大而深，并沿节线扩展，分布范围较大。当剥落面积不断增大，剩余齿面不能继续承受外部载荷时，整个轮齿发生断裂。

如果点蚀状态不得到及时控制，会引起更严重的设备损坏问题，引起噪声、振动，点蚀不断扩大，最终导致断齿失效。

3. 齿轮磨损

齿轮磨损是指啮合过程中齿轮表面材料不断摩擦和消耗的过程。按磨损损伤机理可以分为黏着磨损、磨粒磨损、表面疲劳磨损、腐蚀磨损等。按磨损深度可以将磨损划分为轻微磨损、中等磨损、过度磨损等。

以磨粒磨损为例，磨损主要源于两个方面：①外界进入的砂石、金属微粒等污染颗粒进入齿面间引起的磨料磨损；②齿面间相对滑动摩擦引起的磨损，与润滑油有直接关系。硬质磨粒进入到啮合齿面后可导致齿面严重磨损，而软质磨粒进入齿面后导致的磨损相对缓和，但长期运转过程中会严重降低齿轮精度，进而影响齿轮的正常运转。因此，应尽可能采用闭式齿轮传动，并在初期磨合后换油和清洗齿轮箱，同时优先采用循环系统供油，配置良好的过滤和报警装置。

图 3-10 齿轮磨损

此外，腐蚀磨损也是导致齿轮故障的主要磨损形式，主要包括气蚀及特殊介质腐蚀磨损。腐蚀磨损以化学腐蚀为主，并伴随机械磨损，齿面形成均匀分布的腐蚀坑。图 3-10 为一个发生磨损的齿轮箱。影响齿轮腐蚀的因素很多，主要包括腐蚀介质的性质、温度、湿度、齿轮材料中合金元素的含量等。通常，润滑剂中的活性成分如酸和水等都可同齿轮材料发生化学反应，从而导致齿面腐蚀。虽然金属类极压添加剂的腐蚀作用是避免齿面胶合的决定性因素，但在高温条件下，极压添加剂可分解成具有很强腐蚀作用的活性元素，从而导致金属齿面腐蚀。钢材中的 Ni、Cr、W、Mo 等起到较好的抗腐蚀作用。为了控制和减轻齿轮的腐蚀磨损，应重点控制腐蚀介质，如腐蚀性强的添加剂的用量，同时应注意避免水、酸和其他有害物质对齿面的腐蚀作用。

4. 齿面胶合

重载或高速传动时，齿面工作区温度很高，一旦润滑条件不良将导致齿面间的油膜破

裂，齿面间的油膜消失，一个齿面的金属熔焊在与之啮合的另一个齿面上，随着运动的继续而使软齿面上的金属被撕下，在轮齿工作表面上形成与滑动方向一致的沟纹，这种现象称为齿面胶合，如图 3-11 所示。这是一种较严重的磨损形态。胶合磨损的宏观特征是齿面沿滑动速度方向呈现深、宽不等的条状粗糙沟纹，在齿顶和齿根处较为严重，此时噪声明显增大。

胶合分为冷粘合和热粘合。冷粘合的沟纹比较清晰，热粘合可能伴有高温烧伤引起的变色。

热粘合撕伤通常是在高速或重载中速传动中，由于齿面接触点局部温度升高，油膜及其他表面膜破裂使接触区的金属熔焊，啮合区齿面产生相对滑动后又撕裂形成的。

冷粘合撕伤是在重载低速传动的情况下形成的。由于局部压力很高，油膜不易形成，轮齿金属表面直接接触，在受压力产生塑性变形时，接触点由于分子相互的扩散和局部再结晶等原因发生粘合，当滑动时粘合结点被撕开而形成冷粘合撕伤。新齿轮未经磨合时，也常常在某一局部产生胶合现象，使齿轮擦伤，严重齿面胶合会直接导致齿轮报废。

5. 塑性变形

低速重载传动时，若齿轮齿面硬度较低，当齿面间作用力过大，啮合中的齿面表层材料就会沿着摩擦力方向产生塑性流动，这种现象称为塑性变形，如图 3-12 所示。

图 3-11　齿面胶合

图 3-12　齿面塑性变形

3.2.2　轴承的主要故障

滚动轴承是传动箱中的另一重要部件，它的失效直接影响着齿轮箱的工作，会产生振动和噪声，同时产生的振动也直接影响齿轮的传动能力。滚动轴承的故障原因很多，主要的故障形式与原因包括疲劳剥落、磨损、塑性变形、锈蚀、断裂、胶合、保持架损坏等。疲劳剥落和磨损是滚动轴承最为常见的两种故障形式。

1. 疲劳剥落

滚动轴承工作时，滚道和滚子表面既承受载荷又相对滚动，由于交变载荷的作用，首先在表面下最大剪应力处形成裂纹，继续扩展使得接触表面发生剥落坑，最后发展到大片剥落。疲劳剥落是滚动轴承故障的主要原因，会造成运转时的冲击载荷，振动和噪声加剧。

2. 磨损

滚道和滚子的相对运动（包括滚动和滑动）以及尘埃异物的侵入等都会引起表面磨

损，当润滑不良时，会加剧磨损。磨损的结果是轴承游隙增大，表面粗糙度增加，从而降低了轴承的运转精度，振动和噪声随之增加。

3. 塑性变形

当轴承受到过大的冲击载荷或静载荷，或因热变形引起额外的载荷，或有硬度很高的异物侵入时都会在滚道表面上形成凹痕或划痕。这使得轴承在运转过程中产生剧烈的振动和噪声。

4. 锈蚀

锈蚀是滚动轴承严重的问题之一，高精度轴承可能会由于表面锈蚀导致精度降低而不能继续工作。水分或酸、碱性物质的直接入侵会引起轴承锈蚀。

5. 断裂

过高的载荷会引起轴承零件断裂，磨削、热处理和装配不当会引起残余应力，工作过热时也会引起轴承零件断裂。

6. 胶合

在润滑不良、高速重载情况下工作时，由于摩擦发热，轴承可以在短时间内达到很高的温度，导致表面烧伤及胶合。

7. 保持架损坏

由于装配不当或使用不当可能引起保持架变形，增加自身与滚动体的摩擦，使得振动、噪声和发热加剧，最终导致轴承的损坏。

3.3 齿轮箱的故障诊断方法

齿轮箱状态监测与故障诊断是了解和掌握设备使用过程中的状态，确定其整体或局部的正常或异常，发现早期故障并能预报故障早期发展趋势的技术。通过故障分析可以降低风力发电机组运行维护成本，提高机组的运行效率和可靠性，还可以为机组的结构优化和改进提供依据。

根据齿轮箱运行中的各种特征和状态参数，如声音异常、振动增大、温升过高、漏油、能耗增大、不能运转等特征，目前有各种现代故障诊断技术。现代故障诊断技术融合吸取了大量的现代科技成果，使得设备的故障诊断可以利用多种途径（如振动、噪声、力、温度、电磁、光、射线等）进行信号监测而实施诊断。

3.3.1 基于振动信号分析的故障诊断技术

风力发电机组振动检测与分析属于旋转机械故障诊断的范畴，其内容主要包括机组传动链上主轴、齿轮箱、发电机的故障诊断。利用振动信号分析故障的方法可分为简易诊断法和精密诊断法两种。简易诊断可以通过直接判断振动信号的幅值是否超出正常的阈值，来检测系统是否发生了故障，其目的是为了初步判断被列为诊断对象的部件是否出现了故障。精密诊断则需要通过对振动信号运用信号处理方法进行进一步分析，如通过傅里叶变换做出振动信号的频谱，分析其包含的频率成分，从而判断其故障类型。精密诊断的目的是要判断在简易诊断中被认为出现了故障部件的故障类别及原因。

下面首先介绍机械振动的相关基本知识，然后给出振动信号分析的方法，并通过一个例子展示齿轮箱振动信号故障诊断过程。

3.3.1.1　机械振动类型

机械振动是一种特殊形式的运动，在这种运动过程中，机械系统将围绕其平衡位置作往复运动。从运动学的角度来看，机械振动是指机械系统的位移、速度和加速度在某一数值附近随时间变化的规律。这种规律如果确定，可用函数关系式 $x = f(t)$ 来描述其运动，也可以应用函数图形来表示其运动。图 3 - 13 是以时间 t 为横坐标，位移 x 为纵坐标表示的几种典型机械振动。

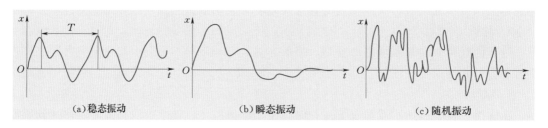

图 3 - 13　几种典型的机械振动

图 3 - 13（a）表示在相等时间间隔内物体作往复运动，称为周期运动。往复运动一次所需的时间间隔称为周期 T，以一定周期持续进行的等幅振动称为稳态振动，最简单的周期振动是简谐振动。

图 3 - 13（b）表示机械系统在受到冲击后产生的振动，没有一定的周期，不能用周期函数来表示，称为非周期振动，往往经过一定周期后逐渐消失，又称为瞬态振动。

图 3 - 13（c）表示机械系统在随机激励下产生的振动，此种运动不能用时间函数来描述，称为随机振动。

上述几种振动中，周期振动和瞬态振动能够应用函数来描述，也就是说其运动是确定的，只要给定任一瞬时时间 t 就可以知道位移 x 的确定值。而随机振动是一种不能够用确定性函数描述的振动，它不是时间的确定性函数，其运动参数的某些规律性可以应用数理统计的方法来进行研究。

3.3.1.2　机械振动参量

简谐振动是最简单的稳态周期振动，其位移方程可以用正弦或余弦函数来描述，即

$$x = A\sin\omega t$$

简谐振动的分解图如图 3 - 14 所示。

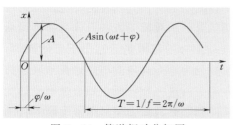

图 3 - 14　简谐振动分解图

其振动参量如下：

x——振动任一瞬时的位移（线位移或角位移），mm 或 rad；

t——时间，s；

A——振幅，最大振动位移；

T——振动周期，振动一次（一周）所需的时间，s；

ω——圆频率（又称为角频率），表示振动快慢，rad/s（或 1/s）；

f——频率，每秒振动的次数，Hz。

简谐振动的三要素是振幅、圆频率及初相角。

振动位移、速度、加速度之间的关系如下：

（1）振动位移

$$x = A\sin\omega t$$

（2）速度

$$v = \dot{x} = A\omega\sin\left(\omega t + \frac{\pi}{2}\right)$$

（3）加速度

$$a = \ddot{x} = A\omega^2\sin(\omega t + \pi)$$

位移、速度、加速度都是同频率的简谐波，三者幅值依次为：A、$A\omega$、$A\omega^2$。相位关系是加速度领先速度 $90°$，速度领先位移 $90°$。

3.3.1.3 振动信号分析方法

基于振动分析技术的齿轮箱故障诊断法技术较成熟，是目前风力发电机组齿轮箱故障诊断的主要工程应用方法之一。齿轮箱振动信号包含了大量的、丰富的有用信息，当箱体内部的设备轴承、齿轮和轴发生异常故障时，这些信息在齿轮箱振动信号中都会有不同的反应。齿轮箱的机械振动参数比其他参数（如润滑油或设备温度、压力、流量等）往往更能直接、快速、准确地反应机组的运行状态，故障分析和诊断案例中常用到的振动分析方法如下所述。

1. 时域分析

时域分析能够直观地反应机器的运行状态，故障信号的特征与设备的失效点有良好的对应关系。时域波形所包含的信息量大，但是不容易看出所包含信息与故障失效的联系。

时域分析主要包括信号的时域波形显示、特征值分析以及幅值域分析等。特征值分析包括信号的最大值、最小值、峰峰值、均方值和有效值等，幅值域分析包括对时域信号的概率密度函数和概率分布函数的分析。

2. 频域分析

频域信号处理方法是机械设备振动故障诊断的最重要的方法。如果仅在时域范围内进行故障振动信号特征值的提取，可能会因为时域内所反映出的信息量不足难以诊断故障。信号在时域里所提取的信息特征值只能抽象地决定是否发生故障，偶尔也能提取到严重故障的特征值，但很难提取定位故障类型、故障部位及故障原因等。故时域内所提取的属性值通常只能用于设备的初步诊断和监测控制。对于设备监测和故障维修人员来说，知道设备故障仅仅是维修工作的初步阶段，更重要的是定位故障零件，判断发生何种类型故障，这样可以有目的性地去维护机组，消除故障、保障机组继续正常运行，或采取相应措施防止故障扩大化。因此，判断故障类型和判定故障部位在机组故障监测和故障诊断系统中是非常关键的，通常可以通过对故障信号进行频域分析，利用各种频域变换工具以频率为横坐标展开数值，从而得到特定的频率内所对应的幅值。这个对应的幅值和频率值与每个故障类型——对应，这样就能提取到各种故障类型所对应的故障特征值，方便定位故障部位和判定故障类型。

振动信号从时间域变换到频率域主要是通过傅里叶变换来实现的。振动信号的频域分析包括自谱、自谱倒谱、幅值谱、相位谱、对数自谱、乃奎斯特图、幅值倒谱、相干谱、功率谱等。

倒频谱变换是频域信号的傅里叶积分变换的再变换。时域信号 $x(t)$ 经过傅里叶积分变换可转换为频率函数 $x(f)$ 或功率谱密度函数 $G_x(f)$，若频谱图上呈现出复杂的周期结构难以辨别，则再对功率谱密度取对数再进行一次傅里叶积分变换，可以使周期结构集中成便于识别的谱线形式。

倒频谱是近代信号处理技术中的一项新技术，对于分析复杂谱图上的周期结构，分离和提取在密集调频信号中的周期成分，对具有同族谐频或异族谐频和多成分边频等复杂信号的分析较有效，例如齿轮啮合频率调制信号的分离等。

包络谱分析、小波变换时频分析技术等也是在齿轮箱振动分析中应用较多的近代信号处理技术，其原理这里不再一一介绍。

3. 齿轮箱振动信号频谱特点

无论齿轮处于正常或异常状态下，齿的啮合都会发生冲击啮合振动，但两种状态下振动水平是有差异的；因此，可根据齿轮振动信号啮合频率分量进行故障诊断。其振动波形表现出振幅受到调制的特点，既调幅又调频。从频域上看，信号调制的结果是使齿轮啮合频率周围出现边频带成分。

幅值调制是由于齿面载荷波动对振动幅值影响而造成的。比较典型例子是齿轮的偏心使齿轮啮合时一边紧一边松，从而产生载荷波动，使振幅按此规律周期性地变化。齿轮的加工误差及齿轮故障使齿轮在啮合中产生短暂的"加载"和"卸载"效应，也会产生幅值调制。

齿轮载荷不均匀、齿距不均匀及故障造成的载荷波动，除了对振动幅值产生影响外，同时也必然产生扭矩波动，使齿轮转速产生波动。这种波动表现在振动上即为频率调制（也可以认为是相位调制）。任何导致产生幅值调制的因素也同时会导致频率调制，两种调制总是同时存在的。

风力发电机组齿轮振动信号的频率调制和幅值调制共同点在于：①载波频率相等；②边带频率对应相等；③边带对称于载波频率。

调幅效应和调频效应总是同时存在的，所以频谱上的边频成分为两种调制的叠加。虽然这两种调制中的任何一种单独作用时所产生的边频都是对称于载波频率的，但两者叠加时，由于边频成分具有不同的相位，所以是向量相加。叠加后有的边频幅值增加了，有的反而下降了，这就破坏了原有的对称性。边频具有不稳定性。幅值调制与频率调制的相对相位关系会受随机因素影响而变化，所以在同样的调制指数下，边频带的形状会有所改变，但其总体水平不变。

如当滚动轴承松动时，其振动频谱上会经常出现 $1X$（与转子旋转相同频率）、$2X$、…、$10X$（转子旋转 10 倍频率）的分量。轴承外圈故障的特征：在转频和外滚道特征频率及其高倍频处有明显的谱线。内圈故障的特征：在转频和内滚道特征频率及其高倍频处有明显的幅值下降的谱线。齿面磨损的故障特征：频谱图上不会出现明显的调制现象，当磨损发展到一定程度，齿啮合频率及其谐波的幅值明显增大；时域振动能量（包括有效值和峭度指标）有较大幅度的增加。而主轴出现弯曲时，其频谱特点表现为：轴向 $1X$、$2X$ 振动幅值可能很大；径向 $2X$ 振动较大，甚至超过 $1X$；前后轴承轴向相位差变化明显（$180°$）。例如，正常状态下齿轮振动的波形如图 3-15 所示，齿面磨损情况下的波形如图 3-16 所示；由图可知，齿面磨损后的频域功率谱波形中，出现了齿轮的 2 倍啮合频率。

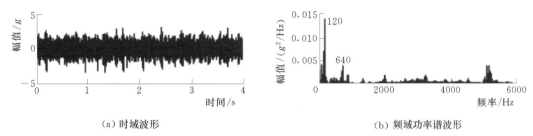

（a）时域波形　　　　　　　　　　　（b）频域功率谱波形

图 3-15　正常状态下齿轮振动的波形（640Hz 为齿轮的啮合频率）

注：g 为振动加速度单位，$1g=9.8m/s^2$。

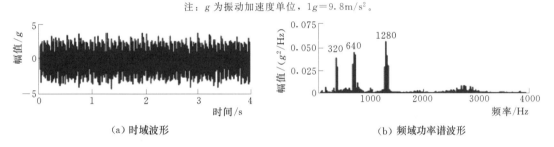

（a）时域波形　　　　　　　　　　　（b）频域功率谱波形

图 3-16　齿面磨损情况下的波形（出现了 1280Hz 的齿轮的 2 倍啮合频率）

3.3.2　基于油液信号分析的故障诊断技术

油液分析法利用的信息载体为齿轮箱内部的润滑油，即从齿轮箱润滑油中提取油样，收集和分析油样中金属颗粒来判断齿轮箱工作状况以达到故障诊断的目的。

油液在齿轮箱设备中的各个运动部位循环流动时，设备的运行信息会在油液中留下痕迹，在齿轮箱的运行过程中，根据摩擦磨损理论，发生故障的部件表面会有细小的金属微粒脱落并进入到润滑油中，通过分析润滑油中这些颗粒的浓度、粒度、形貌和成分可以诊断齿轮箱各部件的磨损状况以及油液本身的状态。目前，油液分析按工作原理可分为理化分析、光谱分析和铁谱分析三种方法。

（1）理化分析法。理化分析就是利用各种油液分析仪器，通过监测油品物理性能和化学性能指标的变化程度来判定油液是否符合相关产品标准的检验方法。通过对润滑油的黏度、闪点、酸值、破乳化度、水分、机械杂质、液相锈蚀试验、抗氧化安全性等各种主要性能指标的检验分析，不仅可以掌握润滑油本身的性能信息，而且也可以了解到轴承、密封的工作状况。

（2）光谱分析法。光谱仪是油液分析中应用最广泛的一种分析设备，油液光谱分析技术也是机械设备故障诊断中应用最早和最成功的油液分析技术之一。油液光谱仪就是利用油样中所含金属元素原子发射不同特征波长的谱线来进行金属元素的定性和定量分析的。常用的光谱分析仪有原子吸收光谱仪和原子发射光谱仪。光谱分析可以有效地检测出油液中磨损元素的含量、添加剂的状况和油液的污染程度。

（3）铁谱分析法。铁谱分析技术的基本原理和方法就是用铁谱仪把混于润滑油（或液压油）中的磨屑和碎屑分离出来，并按其尺寸大小依次、不重叠地沉淀到一块透明的基片上（即制作谱片），在显微镜下观察，以进行定性分析（指对磨粒的形态特征、尺寸大小及其差异等表面形貌及成分进行监测和分析）。

油液分析法除检测油品的质量外，通常适合于齿轮磨损和点蚀类故障的监测和诊断。作为一门新兴技术，油液分析技术已经在许多领域得到了广泛应用；但该技术应用于齿轮箱故障诊断领域目前仍有一定的局限性，如在线监测技术还不成熟，通常油样取样具有一定的周期，检测成本较高、故障准确定位困难、对操作人员要求较高等。

有研究者综合利用齿轮箱振动故障诊断方法和油液分析故障技术，以振动检测为主，辅助以直接观察法和油液磨损残余物检测法，进行了风电场在运行机组齿轮箱的故障诊断实例，诊断过程有以下步骤：

（1）齿轮箱振动检测点布置。按照图 3-17 所示传感器安装布置图，进行现场齿轮箱上安装振动测点。

图 3-18 给出了现场传感器的部分采集测点图片。

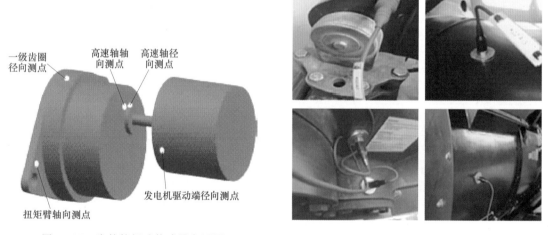

图 3-17　齿轮箱振动传感器布置图　　　　　　图 3-18　现场采集测点

（2）传感器振动数据分析。现场传感器采集的各测点振动数据的加速度有效值和峭度指标见表 3-2。根据表格中的数值显示，可以判定一级齿圈径向没有问题，其他测点不正常指标过多，待进一步分析排除。

根据表 3-2 可知，扭矩臂轴向、高速轴径向和发电机驱动端径向在转速 100r/min 下的峭度均超标（正常指标为小于 3.5）。而从时域波形可以观察到三者之间具有非常明显的"节律"同步性，由于 3 个测点跨距较大，相互影响可能性小；因此可以判定这种同步

表 3-2 振动数据的时域有效值和峭度

测　　点	项　　目	100r/min 空转	500r/min 空转	1000r/min 空转	1200r/min 加载 200kW
扭矩臂轴向	有效值/(m·s⁻²)	0.1439	2.7023	10.8145①	12.4171①
	峭度	7.7191①	3.3659	3.5281	3.1719
一级齿圈径向	有效值/(m·s⁻²)	0.2361	0.2374	0.2456	0.2504
	峭度	2.5605	2.5520	2.4905	2.4587
高速轴径向	有效值/(m·s⁻²)	0.0268	0.3158	5.9427	11.0813①
	峭度	4.0523①	3.3945	6.3197①	33.8958①
高速轴轴向	有效值/(m·s⁻²)	0.2361	7.3434	28.1356①	30.1328①
	峭度	2.5605	3.8015	3.0074	2.8851
发电机驱动端径向	有效值/(m·s⁻²)	0.1292	2.1359	3.6791	4.6000
	峭度	3.7518①	3.8964	3.0094	37.4054①

① 不正常指标。

性是由相同的外部因素造成的。经分析，造成这种冲击变动的原因是变化的风载。而扭矩臂轴向和高速轴径向的峭度要大很多的原因可通过分析其时域曲线可知存在异常的突发性的短时冲击，在剔除这些阵风造成的冲击点数据后，三者峭度值基本相同，如图 3-19 所示。因此，可判定表 3-2 中转速 100r/min 下的各测点几个异常参数并非齿轮箱本身的故障异常所致。

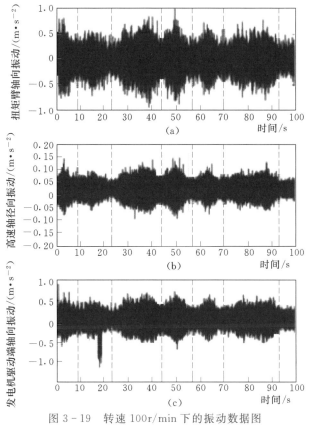

图 3-19 转速 100r/min 下的振动数据图

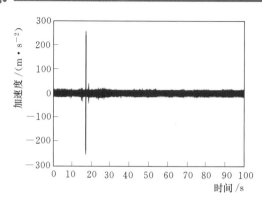

图 3-20 发电机驱动端的振动时域图

发电机驱动端轴向在转速 1200r/min 峭度大，从时域波形图 3-20 可看见，存在一个单一大幅值冲击，如果是驱动端轴承自身出现故障，在 100s 的时间内必然会重复出现冲击波形，而不是图 3-20 所示的只有一次冲击，因峭度值对冲击非常敏感，剔除该外部冲击，取后 80s 的数据重新进行峭度计算，其值只有 3.0604，峭度值正常。因此可排除发电机驱动轴为故障点的可能。

通过上述分析可知：扭矩臂处振动受风载影响较大，不是该齿轮箱振动超标的根源；发电机和一级齿圈测点基本属于正常范围，基本也排除其故障源的可能；主要的问题集中在高速轴的径向和轴向振动。

为了进一步分析故障，分别调出高速轴径向振动在转速 500r/min、1000r/min 和 1200r/min 时的时域振动幅值曲线，如图 3-21 所示。由图可知，随着转速的增加，径向振动的偏向性越来越大，振动幅值区间由开始的 [-3，4] 到 [-30，60] 到 [-50，450]，说明振动具有向正向偏移的倾向，这种现象的出现应与高速轴轴承故障有关。

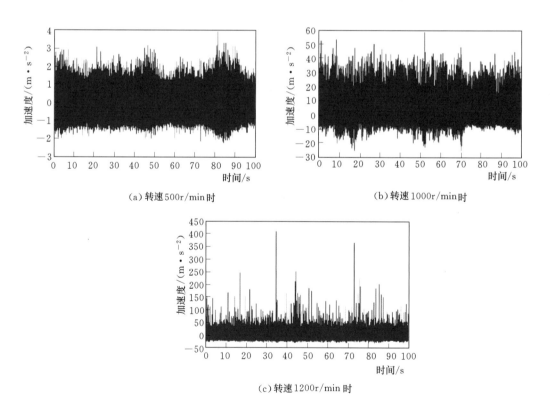

(a) 转速500r/min时

(b) 转速1000r/min时

(c) 转速1200r/min 时

图 3-21 高速轴径向振动数据

（3）高速轴径向和轴向振动频谱分析。为了进一步分析故障原因，对高速轴的径向和轴向振动进行频谱分析，以便进一步提取故障特征，确定故障源。图 3-22 展示了转速 1000r/min、1200r/min 高速轴径向与轴向的速度频谱。

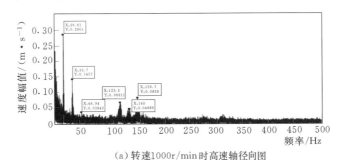

（a）转速1000r/min时高速轴径向图

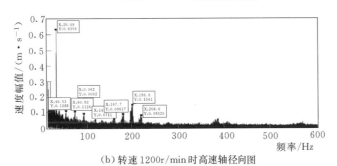

（b）转速 1200r/min 时高速轴径向图

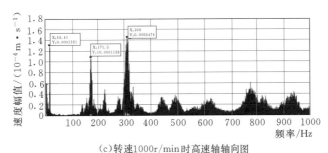

（c）转速1000r/min时高速轴轴向图

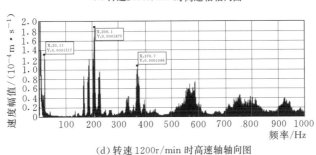

（d）转速 1200r/min 时高速轴轴向图

图 3-22　高速轴频谱图

根据图 3-22 所示频谱，可以得出以下结论：

1）高速轴径向振动中，高速轴转频分量是最主要的分量，其他分量幅值相对较小，且加载后的高速轴 1 倍频率分量增加量比其 2 倍频分量的增加量要高得多，即 1000r/min

频谱 1 倍频（16.61Hz）幅值与其 2 倍频（33.7Hz）幅值的比值约为 2，而 1200r/min 频谱 1 倍频（20.09Hz）幅值与其 2 倍频（40.53Hz）幅值的比值约为 6，说明转速与载荷对高速轴径向的影响主要针对的是高速轴转频的 1 倍频分量，其他分量的影响较小。

2）高速轴轴向振动中，除高速轴转频分量外，另有频率约为 10 倍和 18 倍高速轴转频的分量，即 1000r/min 频谱中的 171.5Hz 和 309Hz，及 1200r/min 频谱中的 209Hz 和 370.7Hz 分量。通过幅值观察可看到，增加载荷没有对 1 倍高速轴转频分量产生明显影响，幅值变化不大，而 10 倍频率分量幅值增大 66%，18 倍频率分量幅值减小了 26%，且 10 倍频率分量附近的几个峰值也显著增大。根据齿轮箱各部件的特征频率可知，这两个较大的分量是高速轴轴承的故障频率分量。

（4）振动分析结论。初步判断结果为高速轴推力轴承故障导致轴承间隙增大，由于间隙的增大导致径向方向振动幅值增大，同时轴承可提供的轴向反力减小，在三级齿轮轴向力的作用下使得高速轴受到的合力增大，从而导致轴向振动严重超标，噪声增大。

（5）齿轮箱润滑油液分析结论。采集齿轮箱润滑油样本，进行油样分析，结果显示油品中磨损颗粒超标，主要为层状磨损。

（6）齿面接触及磨损情况分析结论。通过检查内齿圈和行星轮、一级平行轴齿轮、二级平行轴齿轮的齿面接触长度和磨损情况，均未发现偏载、断齿、点蚀和磨损的现象。从而可以判断齿面接触正常。

（7）处理方案。根据 VDI 3834 标准，高速轴振动指标已超过停机极限，继续运转将对轴承、齿轮造成损害，建议检查高速轴轴承。

（8）现场检修验证。齿轮箱经解体检查，发现高速轴 2 个圆锥滚子轴承的滚子表面及轴承内环出现严重点蚀剥落，如图 3-23 所示。

图 3-23　高速轴轴承损伤

更换新轴承后齿轮箱运行正常，如图 3-24 所示。对比修复前后最大负荷工况高速轴频谱图，可以看出修复之后的正常频谱图中，高速轴转频是最主要的分量。修复前表征高速轴轴承的故障频率分量 10 倍转频（209.1Hz）和 18 倍转频（368.9Hz），在修复之后的频谱图中消失。

3.3.3　基于声信号分析的故障诊断技术

与振动信号一样，机械设备的噪声信号中蕴涵着丰富的设备状态信息，噪声信号同样

能应用于机械设备的故障诊断。基于
声信号故障诊断技术具有如下特点：
非接触式测量、设备简单、速度快、
信号易于测取、易于发现早期故障、
无需事先粘贴传感器、可对移动目标
进行在线监测等，尤其在不易测量振
动信号的场合得到广泛应用。基于声
信号故障诊断技术已成为近年来故障
诊断领域新的发展方向。虽然振动和
声音都蕴含着机械状态信息，但因声
信号易受干扰，使得基于声信号诊断
技术的发展远远落后于振动诊断
技术。

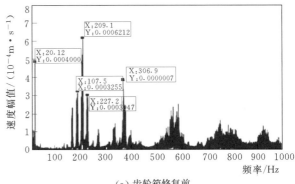

(a) 齿轮箱修复前

　　早期故障诊断采用听诊法来判断
设备状态，而在实际应用中，该方法
容易受环境影响，且技巧不易掌握，
依赖操作人员经验，目前基于声信号
故障诊断技术中常用的统计能量法是
听诊法的一种进化。比较常用和特有
的一种方法是声发射法（Acoustic
Emission，AE），该方法利用金属材

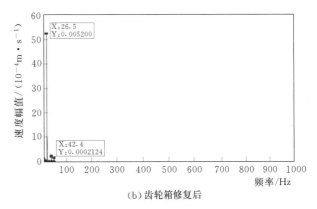

(b) 齿轮箱修复后

图 3 - 24　齿轮箱修复前后的频谱对比

料在外力作用下释放内部贮存能量所引起的弹性波来识别故障，对运行状态下构件缺陷的
产生与发展具有较好的诊断效果。

　　1. 听诊法

　　有经验的工作人员可根据声音辨别出故障类型，目前声学技术中常用的统计能量法是
听诊法的一种进化，它根据设备正常和故障时辐射声能量的变化进行故障诊断。噪声分析
法是以齿轮箱运行中的噪声作为信息源，在齿轮箱运行过程中，通过噪声参数的变化特征
判别齿轮箱的运行状态。此方法的本质与振动分析法是一致的，因为噪声主要是由振动产
生的，对噪声信号采用传统的频谱分析、短时傅里叶变换和小波分析等现代信号处理技
术，对齿轮箱设备的声信号进行故障分类和诊断。噪声分析法始于 20 世纪 80 年代中期，
90 年代发展较快。该方法虽然简便，但易受环境噪声的影响。

　　2. 声发射分析法

　　由于齿轮箱金属零件在磨损和变形的过程中产生弹性波，声发射分析法就是以此弹性
波为信息源，在齿轮箱运行过程中，通过分析弹性波的频率变化特征判别齿轮箱的运行状
态。但目前该方法只能对一些明显的故障进行诊断，对一些复杂的、不明显的故障诊断准
确率较低。在实际应用中，声发射信号频带一般在超声范围内（100～200kHz），需采用
专用仪器测量。

3.3.4　基于运行数据中的性能参数分析的故障诊断

齿轮箱的作用是传递动力，一旦齿轮箱内部的某个零部件或某些零部件发生故障，将直接导致齿轮箱的输出性能参数发生变化；因此，可以根据齿轮箱性能参数的变化来判断其工作是否正常。但是性能参数对齿轮箱中零部件的早期失效往往不敏感，当指标变化时，故障往往已经发展到很严重的程度，因此性能参数分析法已经成为故障诊断的辅助手段。齿轮箱运行状态有关的征兆由温度、噪声、振动、润滑油中磨损物的含量及形态、齿轮传动轴的扭转振动和扭矩、齿轮齿根应力分布等构成，广义上讲，前面介绍的方法也可以归入性能参数分析法，这里的性能参数是指不需要外加专门传感器，提取基于监控系统中 SCADA 中的齿轮箱运行状态参数，采用一定的理论进行故障分析。比如温度法是通过监测齿轮箱润滑油温度来判断齿轮箱是否工作正常。温度监测对于齿轮箱载荷、速度和润滑情况的变化比较敏感，但是对于齿轮或轴承点蚀等早期故障，温度监测反应不灵敏，仅对比较严重的故障有较好的监控效果。

3.3.5　基于不确定信息的贝叶斯网络处理方法

贝叶斯网络基于概率推理，是为了解决不确定性和不完整问题而提出的，对于解决复杂机械设备不确定性引起的故障有很大优势。有很多学者把贝叶斯网络应用于不同领域的故障诊断中，这些成功的应用研究显示了贝叶斯网络在处理不确定性问题上的极大优势，即：贝叶斯网络既具有成熟的概率论基础，又具有直观的知识表示形式；可以图形化表示随机变量间的联合概率，能够处理各种不确定信息；贝叶斯网络推理是贝叶斯概率理论的基础，不需要外界的任何推理机制，将知识表示与知识推理有效结合起来，形成统一的整体。贝叶斯网络已经成为不确定性信息表达和推理最有效的理论模型之一。目前已有研究者开展了基于故障树分析方法的贝叶斯网络模型齿轮箱故障诊断研究。

故障树分析方法是故障诊断中常见的一种故障分析方法，该方法直观、明了，思路清晰，逻辑性强。用故障树表达系统的故障与原因，因果关系清晰、形象。但故障树只考虑故障状态的二态性，即成功与失效或是与否。而实际中许多故障往往是多态的，如风力发电机组齿轮箱表现出的磨损、断裂及疲劳等故障状态，且其故障信息往往表现出不确定性。在建模方面，贝叶斯网络可以继承故障树的状态描述及推理方式，而且突破了故障树的一些较强假设，考虑了故障信息的多态性以及故障信息之间的相关性，并能更好地表达故障信息之间的不确定性。通过故障树分析方法建立风力发电机组故障诊断的贝叶斯网络模型，可以清晰、直观地表达风电机组各个系统故障原因、故障模式、故障影响之间的关系。有研究者基于故障树分析方法建立 CME 三层贝叶斯网络模型，进行风力发电机组齿轮箱故障诊断。具体过程如下。

1. 建立齿轮箱故障树

收集系统故障信息，确定故障树中各事件名称，设计故障树结构，并绘制故障树，如图 3-25 所示。图 3-25 中，底事件 X_1、X_2、$\cdots$、X_{16} 含义分别为冲击载荷、轴弯曲、较大硬物挤入啮合区、材质缺陷、疲劳折断、大载荷作用、较高油温、油不清洁、油位低、荷载集中、轴承润滑不良、传感器故障、轴承疲劳损伤、安装不合理、轴承材料的缺陷、齿轮箱的减震装置欠佳等；中间事件 M_1、M_2、$\cdots$、M_8 含义分别为齿轮失效、轴承失效、轮齿折断、疲劳损伤、齿面胶合、轴承烧损、轴承损坏、轴承配合间隙过大等；顶事件 T 的含义为齿轮箱失效。

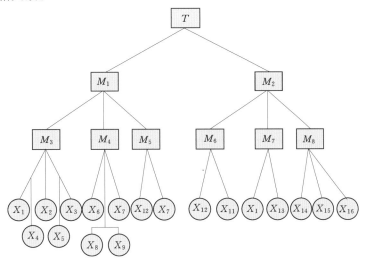

图 3 - 25　齿轮箱失效故障树

2. 建立贝叶斯模型

根据绘制的故障树图，进行贝叶斯网络模型的故障信息节点的确立，分析各个故障节点变量之间的有向弧关系，将绘制的故障树转换为 CME 贝叶斯网络模型，如图 3 - 26 所示。其中，C 层（故障原因层）故障节点 C_1、C_2、$\cdots$、C_{17} 分别表示冲击载荷、轴弯曲、较大硬物挤入啮合区、材质缺陷、疲劳折断、大载荷作用、较高油温、油不清洁、油位低、荷载集中、轴承润滑不良、温度传感器故障、交变载荷作用、轴承侵入异物、安装不合理、轴承材料缺陷、齿轮箱减振装置欠佳等。M 层（故障模式层）故障节点 M_1、M_2、$\cdots$、M_7

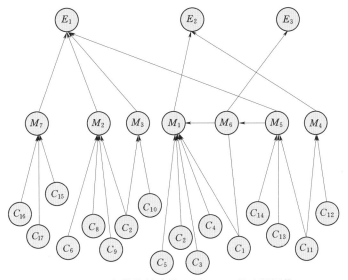

图 3 - 26　齿轮箱故障的三层 CME 贝叶斯网络

分别表示齿轮折断、疲劳损伤、齿面胶合、轴承烧损、轴承疲劳损伤、轴承损坏、轴承配合间隙过大等。E 层（故障影响层）故障节点为 E_1、E_2、E_3 分别表示齿轮箱振动故障、齿轮箱停运故障、齿轮箱损坏等。

3. 贝叶斯网络推理

风力发电机组故障诊断的贝叶斯网络推理是以先验概率和节点条件概率为基础，通过贝叶斯定理计算得到后验概率的过程，从而得到在某种故障征兆发生的情况下，引起该征兆的各种故障原因的概率。

（1）先验概率指根据历史资料或主观判断所确定的各事件发生的概率。

结合专家经验，风力发电机组齿轮箱损坏故障节点的先验概率见表 3-3。

表 3-3 先 验 概 率 值 表

故 障 节 点	先验概率	故 障 节 点	先验概率
C_1（冲击载荷）	0.25	C_{13}（交变载荷作用）	0.25
C_{11}（轴承润滑不良）	0.85	C_{14}（轴承侵入异物）	0.50

（2）条件概率指某事件在一定条件下发生的概率。如 A、B 为两事件，且 $P(B) \neq 0$，则在 B 发生条件下 A 发生的概率为 $P(A \mid B) = P(AB)/P(B)$。

风力发电机组齿轮箱损坏故障子节点 M_5、M_6 及根节点 E_3 的条件概率见表 3-4、表 3-5、表 3-6。

表 3-4 子节点 M_5 的条件概率

C_1	M_5	符 号	概率值	C_1	M_5	符 号	概率值
Y	Y	$P(M_6 \mid M_5 C_1)$	1	Y	N	$P(M_6 \mid \overline{M_5} C_1)$	0.75
N	Y	$P(M_6 \mid M_5 \overline{C_1})$	0.85	N	N	$P(M_6 \mid \overline{M_5} \overline{C_1})$	0.15

表 3-5 子节点 M_6 的条件概率

C_{11}	C_{13}	C_{14}	符 号	概率值
Y	Y	Y	$P(M_5 \mid C_{11} C_{13} C_{14})$	1
Y	Y	N	$P(M_5 \mid C_{11} C_{13} \overline{C_{14}})$	0.85
Y	N	Y	$P(M_5 \mid C_{11} \overline{C_{13}} C_{14})$	0.85
Y	N	N	$P(M_5 \mid C_{11} \overline{C_{13}} \overline{C_{14}})$	0.50
N	Y	Y	$P(M_5 \mid \overline{C_{11}} C_{13} C_{14})$	0.25
N	Y	N	$P(M_5 \mid \overline{C_{11}} C_{13} \overline{C_{14}})$	0.75
N	N	Y	$P(M_5 \mid \overline{C_{11}} \overline{C_{13}} C_{14})$	0.75
N	N	N	$P(M_5 \mid \overline{C_{11}} \overline{C_{13}} \overline{C_{14}})$	0

表 3-6 根节点 E_3 的条件概率

M_6	符 号	概率值	M_6	符 号	概率值
Y	$P(E \mid M_6)$	0.60	N	$P(E \mid \overline{M_6})$	0.15

（3）后验概率指在取得相关证据后，利用贝叶斯定理对先验概率进行修正而得到的更符合实际的概率。

（4）贝叶斯定理。

给定假设和证据集 $E = \{E_1, E_2, \cdots, E_n\}$，贝叶斯定理表示如下：

$$P(H \mid E_i) = \frac{P(E_i \mid H)P(H)}{P(E_i \mid H)P(H) + P(E_i \mid \overline{H})P(\overline{H})}$$

式中　$P(H)$——先验概率；

$P(H \mid E_i)$——给定证据 E_i 后，真的条件概率，或称后验概率；

$P(E_i \mid H)$——假设 H 为真时，证据 E_i 发生的条件概率。

贝叶斯网络推理能够实现由因到果以及由果到因的双向推理过程，即因果推理和诊断推理。诊断推理为：由结论推理故障原因，目的是由结果推导出原因，是在某故障已经发生的条件下，通过贝叶斯定理进行概率计算得到引发该故障发生的故障原因概率的过程。下面以计算出现"轴承疲劳损伤"（M_5）故障是由"轴承侵入异物"（C_{14}）引发的概率为例，说明贝叶斯诊断推理的过程：

$$P(C_{14} \mid M_5) = \frac{P_1 P(C_{14})}{P_1 P(C_{14}) + P_2 P(\overline{C_{14}})}$$

其中　$P_1 = P(M_5 \mid C_{11}C_{13}C_{14})P(C_{11})P(C_{13}) + P(M_5 \mid C_{11}\overline{C_{13}}C_{14})P(C_{11})P(\overline{C_{13}})$
$\quad\quad + P(M_5 \mid \overline{C_{11}}C_{13}C_{14})P(\overline{C_{11}})P(C_{13}) + P(M_5 \mid \overline{C_{11}}\overline{C_{13}}C_{14})P(\overline{C_{11}})P(\overline{C_{13}})$

$\quad\quad P_2 = P(M_5 \mid C_{11}C_{13}\overline{C_{14}})P(C_{11})P(C_{13}) + P(M_5 \mid C_{11}\overline{C_{13}}\overline{C_{14}})P(C_{11})P(\overline{C_{13}})$
$\quad\quad + P(M_5 \mid \overline{C_{11}}C_{13}\overline{C_{14}})P(\overline{C_{11}})P(C_{13}) + P(M_5 \mid \overline{C_{11}}\overline{C_{13}}\overline{C_{14}})P(\overline{C_{11}})P(\overline{C_{13}})$

同理，经标准化，所有后验概率计算结果如下：$P(C_{14} \mid M_5) = 0.346$、$P(C_{13} \mid M_5) = 0.146$、$P(C_{11} \mid M_5) = 0.490$。可见，导致轴承疲劳损坏发生的主要原因是轴承润滑不良和轴承侵入异物。所以在故障发生时，维修人员可以重点查看轴承的润滑问题以及是否有异物侵入。

因果推理为：由故障原因推理结论，目的是由原因推导得到结果，是在假定故障发生的前提下，根据各节点间的条件概率表确定导致该故障发生的可能性较大的原因或原因组合的过程。实际工作中进行因果推理可以找出导致故障发生的可能性较大的原因以及原因组合，提高风电机组日常维修管理的效率；可以判断故障原因对系统影响的大小，找到对系统影响较大的关键部件，为设计人员提供参考。

从表 3-4 可以看到，在齿轮箱轴承正常工作的条件下，齿轮因受到冲击载荷的作用导致轴承故障的概率是 75%。由此可见，在设计齿轮的初期提高其设计强度可以大大减少冲击载荷对系统的影响；不考虑冲击载荷对系统的影响前提下，因轴承疲劳损伤造成轴承故障的概率高达 85%。因而在日常的管理工作过程中，保证轴承的正常工作十分必要。

3.4　齿轮箱的日常维护及常见故障处理

齿轮箱一般都设有相应的监控系统，监控系统可以实时地监控齿轮箱中轴承温度、润滑油温度、润滑系统的油压、润滑油油位、润滑油的加热和散热装置的工作状态，控制系统可以根据监控系统检测到的润滑油温度，自动启动及切除散热装置和加热装置，使齿轮箱可靠地工作在最佳状态。

齿轮箱监控系统主要由润滑油温度传感器、油位传感器、油压传感器、油流量传感器、压力表、加热器温度传感器、冷却器温度传感器、控制用微处理器等设施组成，这样可以方便地实现远程监控。一旦发生故障，监控系统将立即发出报警信号，使操作者能够迅速地判定故障并加以排除。

3.4.1　日常保养

风力发电机组齿轮箱的日常保养内容主要包括：设备外观检查、噪声测试、油位检查、油温、电气接线检查等。具体工作任务包括：

（1）运行人员登机工作时应对齿轮箱箱体表面进行清洁，检查箱体及润滑管路有无渗漏现象，外敷的润滑管路有无松动，由于风力发电机组运行时振动较大，如果外敷管路固定不良将导致管路接头密封损坏甚至管路断裂。此外，还要注意箱底放油阀有无松动和渗漏，避免放油阀松动和渗漏导致的齿轮油大量外泄。

（2）通过油标尺或油位窗检查油位及油色是否正常，发现油位偏低应及时补充。若发现油色明显变深发黑时，应考虑进行油质检验，并加强机组的运行监视。遇有滤清器堵塞报警时应及时检查处理，在更换滤芯时应彻底清洗滤清器内部，有条件最好将滤清器拆下在车间进行清洗、检查。安装滤清器外壳时应注意对正螺纹，均匀用力，避免损伤螺纹和密封圈。

（3）检查齿轮油位、温度、压力、压差、轴承温度等传感器和加热器、散热器的接线是否正常，导线有无磨损。在日常巡视检查时还应注意机组的噪声有无异常，及时发现故障隐患。

3.4.2　定期维护

风力发电机组定期保养维护内容主要包括：齿轮箱连接螺栓的力矩检查、齿轮啮合及齿面磨损情况检查、传感器功能测试、润滑及散热系统功能检查、定期更换齿轮油滤清器、油样采集等。有条件时可借助有关工业检测设备对齿轮箱运行状态的振动及噪声等指标进行检测分析，以期更全面地掌握齿轮箱的工作状态。

根据设备厂家提供的风力发电机组运行维护手册，不同的厂家对齿轮油的采样周期也不尽相同。一般要求首次使用两年后采样一次，之后每年采样一次。对于发现运行状态异常的齿轮箱可根据需要，随时采集油样。齿轮油的使用年限一般为3～4年。由于齿轮箱的运行温度、年运行小时以及峰值出力等运行指标不尽相同，笼统地以时间为限作为齿轮油更换的条件，在不同的运行环境下不一定能保证齿轮箱经济、安全地运行。这就要求运行人员平时注意收集整理机组的各项运行数据，对比分析油品化验结果的各项参数指标，找出更加符合相应风电场运行特点的油品更换周期。

在油品采样时，考虑到样品份数的限制，一般选取运行状态较恶劣的机组（如故障率较高、出力峰值较高、齿轮箱运行温度较高、滤清器更换较频繁的机组）作为采样对象。根据油品检验结果分析齿轮箱的工作状态是否正常，润滑油性能是否满足设备正常运行需要，并参照风力发电机组维护手册规定的油品更换周期，综合分析决定是否需要更换齿轮油。油品更换前可根据实际情况选用专用清洗添加剂，更换时应将旧油彻底排干清除油污，并用新油清洗齿轮箱，对箱底装有磁性元件的，还应清洗磁性元件，检查吸附的金属杂质情况。加油时按手册要求油量加注，避免油位过高，导致输出轴油封因回油不畅而发生渗漏。

3.4.3 常见故障的处理

1. 油泵过载

常见故障原因：

（1）齿轮油泵过载多发生在冬季低温气象条件之下，当风力发电机组因故障长期停机后齿轮箱温度下降较多，齿轮油黏度增加，造成油泵启动时负载较重，导致油泵电机过载。

（2）因部分使用年限较长的机组，油泵电机输出轴油封老化，导致齿轮油进入接线端子盒造成端子接触不良，三相电流不平衡，出现油泵过载故障，更严重的情况甚至会导致齿轮油大量进入油泵电机绕组，破坏绕组气隙，造成油泵过载。

处理方法：出现第（1）种故障后应使机组从待机状态下逐步加热齿轮油至正常状态后再启动风力发电机组，避免强制启动机组，以免因齿轮油黏度较大造成润滑不良，损坏齿面或轴承以及润滑系统的其他部件。出现第（2）种情况后应更换油封，清洗接线端子盒及电机绕组，并加温干燥后重新恢复运行。

2. 油温过高

常见故障原因：齿轮油温度过高一般是因为风力发电机组长时间处于满发状态，润滑油因齿轮箱发热而温度上升超过正常值。

处理方法：出现温度接近齿轮箱工作温度上限的现象时，可敞开塔架大门，增强通风降低机舱温度，改善齿轮箱工作环境温度。若发生温度过高导致的停机，不应进行人工干预，通过机组自行循环散热至正常值后启动即可。有条件时应观察齿轮箱温度变化过程是否正常、连续，以判断温度传感器工作是否正常。

注意事项：若在一定时间内，齿轮箱温升较快，且连续出现油温过高的现象，应首先登机检查散热系统和润滑系统工作是否正常，温度传感器测量是否准确，之后，进一步检查齿轮箱工作状况是否正常，尽可能找出发热明显的部位，初步判断损坏部位。必要时开启观察孔检查齿轮啮合情况或拆卸滤清器检查有无金属杂质，同时采集油样，为设备损坏原因的分析判断搜集资料。

正常情况下较少发生齿轮油温度过高的故障，若发生油温过高的现象应当引起运行人员的足够重视，在未找到温度异常原因之前，避免盲目开机使故障范围扩大，造成不必要的经济损失。

3. 齿轮油位低

常见故障原因：齿轮油位低故障是由于齿轮油低于油位下限，磁浮子开关动作。

处理方法：发生该故障后，运行人员应及时到现场检查齿轮油位，必要时测试传感器功能。不允许盲目复位开机，避免润滑条件不良损坏齿轮箱或者因齿轮箱有明显泄漏点开机后导致更多的齿轮油外泄。

注意事项：在冬季低温工况下，油位开关可能会因齿轮油黏度太高而动作迟缓，产生误报故障，所以有些型号的风力发电机组在温度较低时将油位低信号降级为报警信号，而不是停机信号，这种情况下也应同样认真对待，根据实际情况作出正确的判断，以免造成不必要的经济损失。

4. 齿轮油压力低

常见故障原因：由于齿轮箱强迫润滑系统工作压力低于正常值而导致压力开关动作。

处理方法：故障原因多是油泵本体工作异常或润滑管路异常而引起，但若油泵排量选择不准且油位偏低，在油温较高润滑油黏度较低的条件也会出现该故障。有些使用年限较长的风电机组因为压力开关老化，整定值发生偏移同样会导致该故障，这时就需要在压力试验台上重新整定压力开关动作值。

3.5　齿轮箱故障诊断案例

3.5.1　行星轮系故障

1. 概况

风力发电机组所处地区为内蒙古自治区，属于低温丘陵地区。机型为定桨距型，机组容量 750kW，塔高 50m，分为上、中、下三节，属柔性筒式塔架；属于 IEC Ⅱ 类，年平均风速 7.5m/s，已运行 7 年。

齿轮箱采用一级行星轮两级平行结构，齿轮箱传动比 $i = 67.377$，行星级啮合频率为 30Hz，中间级啮合频率为 134Hz，高速级啮合频率为 753Hz。

2. 分析过程

对该机组进行振动测试，传感器安装在主轴承水平和垂直方向、内齿圈水平和垂直方向等测点采集振动信号。

进行振动数据分析时发现，图 3-27 主轴承水平方向加速度时域波形存在冲击，频率为 0.99Hz，接近行星轴转动频率；图 3-28 内齿圈水平方向速度时域波形也存在冲击，

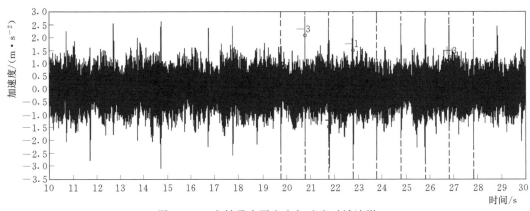

图 3-27　主轴承水平方向加速度时域波形

频率为 0.98Hz，也接近行星轴转动频率。因此，对内齿圈水平方向测点数据进行加速度频谱分析，如图 3-29 所示，加速度频谱显示在 75～90Hz 之间存在 0.99Hz 边频；在低频段，存在 0.99Hz 及其倍频。将其进一步进行速度频谱分析，如图 3-30 所示，速度频谱存在 4.96Hz 及其倍频成分，该频率为行星轴转频 0.99Hz 的 5 倍，接近行星轮轴承滚动体故障特征频率的 2 倍；在 13.9Hz 为中心频率处存在 0.996Hz 边频。

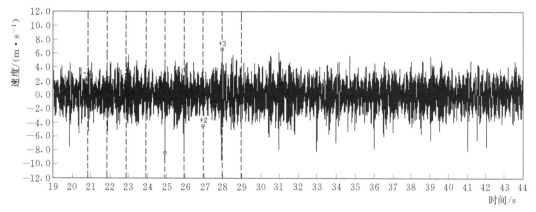

图 3-28 内齿圈水平方向速度时域波形

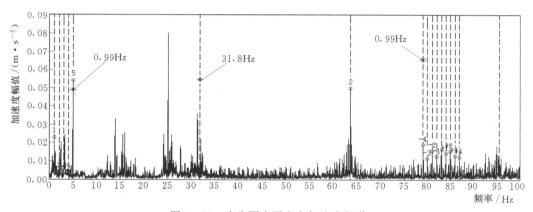

图 3-29 内齿圈水平方向加速度频谱

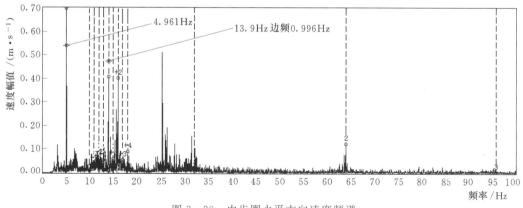

图 3-30 内齿圈水平方向速度频谱

3. 诊断预判

根据本章 3.3 所述，综合上述分析，可判断齿轮箱行星级齿轮及轴承损伤。

4. 现场检查

对风力发电机组齿轮箱进行内窥镜检查，检查结果如图 3-31 所示，内窥镜检查结果显示：行星轮存在严重损伤，与预判结果一致。

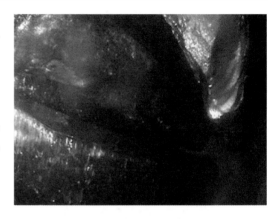

图 3-31 行星轮内部损伤图片

3.5.2 中间轴故障

1. 概况

风力发电机组所处地区为河北省，属于低温丘陵地区。机型为双馈三叶片液压变桨机组，机组容量 1.5MW，塔高 65m，分为上、中、下三节，属柔性筒式塔架；属于 IEC II 类，年平均风速 7.3m/s，已运行 6 年。

齿轮箱采用一级行星轮两级平行结构，齿轮箱传动比 $i = 59.51$，行星级啮合频率为 28.7Hz，中间级啮合频率为 154Hz，高速级啮合频率为 679Hz。

2. 分析过程

对该机组进行振动测试，传感器测试位置安装在中间轴水平和垂直方向等测点上。

进行振动数据分析时发现，图 3-32 中间轴垂直方向加速度时域波形存在明显冲击，频率为 3.94Hz，约为中间轴转动频率。于是进行频谱分析，如图 3-33 所示，发现加速度频谱在频率段 1000～2000Hz 之间存在能量峰值；于是将频谱放大，如图 3-34 所示，发现在 1225Hz 附近存在阶次较多频率为 3.947Hz 边频；将加速度信号进行包络谱分析，如图 3-35 所示，发现包络谱中存在大量 3.9Hz 倍频成分。

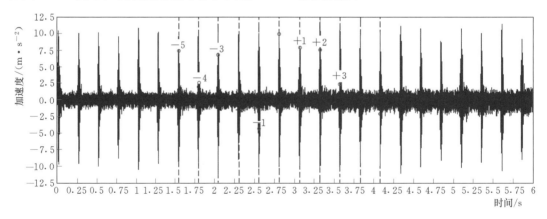

图 3-32 中间轴垂直加速度波形图

上述频率中，由于 3.9Hz 为中间轴转动频率。由此可知中间轴存在损伤。

3. 诊断预判

中间轴存在损伤，建议对齿轮箱中间轴轴承、齿轮和轴进行详细检查。

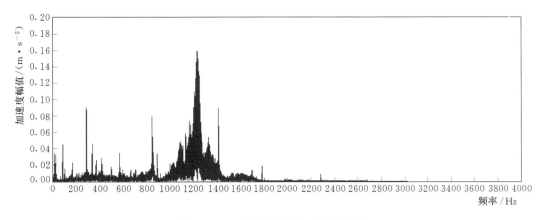

图 3-33 中间轴垂直加速度频谱图

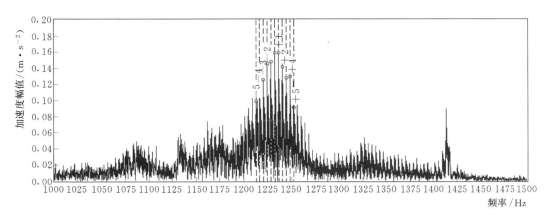

图 3-34 中间轴垂直加速度放大频谱图

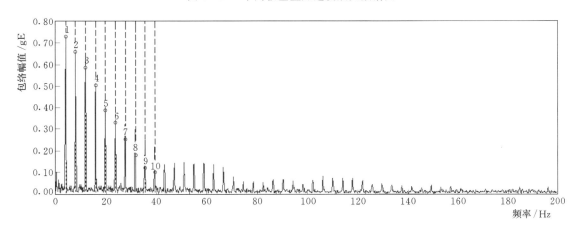

图 3-35 齿轮箱中间轴垂直加速度包络谱

注：gE 是 SKF 公司加速度包络的单位。

4.现场检查

打开齿轮箱观察窗，检查中间轴轴承、齿轮和轴，发现中间轴小齿轮损伤，如图 3-36 所示。现场检查结果与预判一致。

3.5.3 高速轴故障

1. 概况

风力发电机组所处地区为江苏省,属于低温丘陵地区。机型为双馈三叶片液压变桨机组,机组容量 1.5MW,塔高 65m,分为上、中、下三节,属柔性筒式塔架;属于 IEC Ⅱ 类,年平均风速 6.9m/s,已运行 8 年。

齿轮箱采用一级行星轮两级平行结构,齿轮箱传动比 $i=59.51$,行星级啮合频率为 28.7Hz,中间级啮合频率为 154Hz,高速级啮合频率为 679Hz。

图 3-36 中间轴小齿轮断齿

2. 分析过程

对该机组进行振动测试,传感器测试位置安装在高速轴水平和垂直方向等测点上。

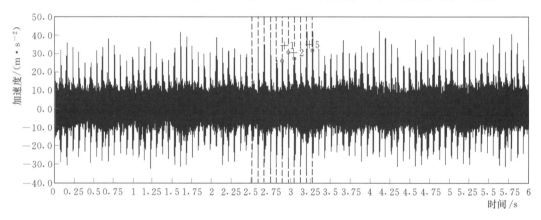

图 3-37 高速轴垂直加速度时域波形

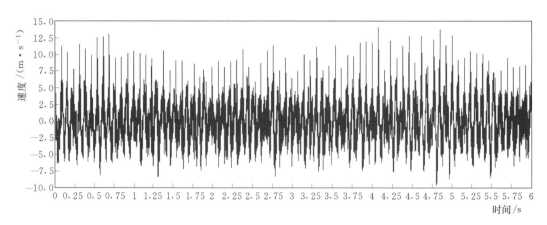

图 3-38 高速轴垂直速度时域波形

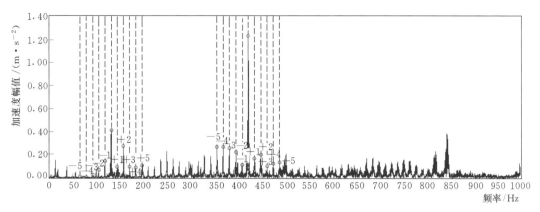

图 3-39 高速轴垂直加速度频谱

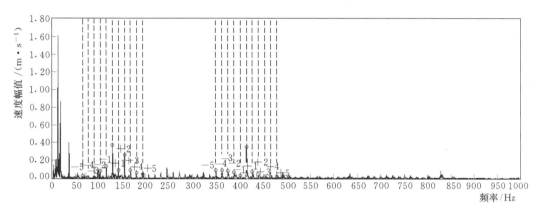

图 3-40 高速轴垂直速度频谱

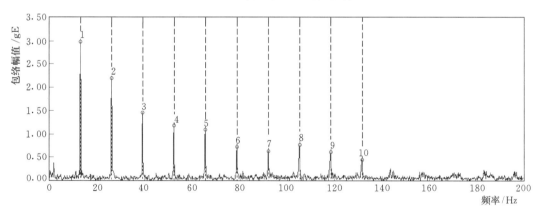

图 3-41 高速轴垂直加速度包络谱

进行振动数据分析时发现，图 3-37 所示高速轴垂直方向加速度时域波形存在明显冲击，频率为 13.148Hz，时间间隔为 0.076s，图 3-38 所示速度时域波形也存在同频率同类型冲击。分别进行对应的高速轴垂直方向加速度信号、高速轴垂直方向速度信号的频谱分析，如图 3-39 和图 3-40 所示，图中显示在 130Hz 和 410Hz 附近均存在频率为 13Hz 左右的边频成分。进一步对加速度信号进行包络分析，如图 3-41 所示，发现图中

13.162Hz 及其倍频占主要成分，其中 13.1Hz 为高速轴转动频率。

由于上述频率中，13.1Hz 为高速轴转动频率，由此可知高速轴存在损伤。

3. 诊断预判

高速轴存在损伤，建议对高速轴轴承、齿轮进行详细检查。

4. 现场检查

打开齿轮箱观察窗，检查高速轴轴承、齿轮，发现高速轴齿轮崩齿，如图 3-42 所示。现场检查结果与预判一致。

图 3-42　高速轴齿轮崩齿

第4章 发电机故障诊断技术

风力发电包含了风能转换成机械能和机械转换成电能两个能量转换过程。风轮将捕获的风能转换成机械能，带动风轮主轴和传动机构旋转，连接在旋转轴上的发电系统则承担了后一个能量转换任务。风力发电机（以下简称为发电机）作为风力发电机组的一个关键组成部分，在接收风轮输出的机械转矩随轴旋转的同时，将通过电磁感应，产生感应电动势，最终完成由机械能到电能的转换。由于发电机系统直接影响整个风力发电机组的运行性能、效率和供电质量，因此有必要研究其故障诊断技术。

4.1 发电机的结构和工作原理

4.1.1 基本类型

发电机是利用电磁感应原理把机械能转换成电能的装置。在原动机（风力发电系统中对应的是风力机）的拖动下，若发电机中的线圈绕组切割磁力线，则在线圈绕组上就会有感应电动势产生。产生感应电动势的线圈绕组通常被称为电枢绕组。无论是何种类型的发电机，其基本组成部分都是产生感应电动势的线圈（通常叫电枢）和产生磁场的磁极或线圈。转动的部分称为转子，不动的部分称为定子。

发电机作为机械能转换为电能的装置，其种类、形式主要有4种划分方式。

1. 按输出电流的形式划分

按输出电流的不同形式，发电机可分为：

（1）直流发电机：发电机输出的能量为直流电能。

（2）交流发电机：发电机输出的能量为交流电能。同步发电机、异步发电机、双馈异步发电机、永磁低速直驱发电机都发出交流电能。

2. 按磁极产生的方式划分

按磁极产生的方式不同，发电机在结构上可分为：

（1）永磁式发电机：利用永久磁铁产生发电机内部的磁场，提供发电机需要的励磁磁通。图4-1给出了一个风力机拖动的离网的永磁式直流发电机的示意图。

（2）电励磁式发电机：借助在励磁线圈内流过电流来产生磁场，以提供发电机所需的励磁磁通。这种励磁方式的优点是可通过改变励磁电流来调节励磁磁通。

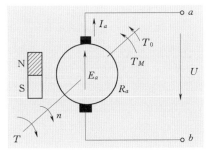

图4-1 永磁式直流发电机

3. 按电枢绕组和磁极的相对运动关系划分

按电枢绕组和磁极的运动关系，发电机在结构上可分为：

（1）旋转磁极式（简称转磁式或转场式）：发电机的电枢绕组在定子上不动，产生磁场的磁极或励磁绕组在转子上，由原动机带动旋转。利用旋转的磁极在电枢中做相对运动，从而在电枢绕组中感应出电动势。

（2）旋转电枢式（简称转枢式）：磁极在定子上不动，发电机的电枢绕组随转子转动，切割磁力线并感应出电动势。

4. 按发电机与电网的连接方式划分

按发电机与电网的不同连接方式，发电机可分为：

（1）离网运行的发电机：发电机单台独立运行，所发出的电能不接入电网，发电机通过一定的控制结构直接向负载供电。

（2）并网运行的发电机：发电机与电网连接运行，发电机发出的电能送入电网，通过电网向负载供电。

人类对风力发电技术的研究是一个不断探索和发展过程。针对风力发电机组中发电机这个重要部件的选型，可采用许多不同类型的发电机来实现。异步交流发电机、同步交流发电机、双馈异步交流发电机、永磁直驱同步交流发电机和直流发电机，在目前的风力发电系统中都能找到应用的实例。表 4-1 为国际上 6 家著名厂商新开发研制的兆瓦级大型风力发电机参数，其中，主流机型双馈异步发电机型有 3 例，分别由德国 Repower 公司、丹麦 Vestas 公司和美国 GE 公司 3 家厂商提供，其余三种机型代表了三种不同的技术方案，分别为芬兰 Multibird 公司提供的准直驱永磁同步机机型、德国 Enercon 公司提供的直驱电励同步机机型和 Siemens 公司提供的笼型异步机机型。

表 4-1   新研制的兆瓦级风力发电机参数表

参数项目	德国 Repower 5MW	丹麦 Vestas V120	芬兰 Multibird M5000	德国 Enercon E-112	德国 Siemens 3.6MW	美国 GE Wind 3.6s
额定功率/MW	5.0	4.5	5.0	4.5	3.6	3.6
发电机类型	双馈异步	双馈异步	准直驱永磁同步	直驱电磁同步	笼型异步	双馈异步
转子直径/m	126	120	116	114	107	104
齿轮箱级数	3	3	1	0	3	3
升速传动比	1/97	1/88.6	1/9.92	1/1	1/119	1/117
变频器控制	部分功率	部分功率	全功率	全功率	全功率	部分功率
叶片重量/t	17.8	12.3	16.5	21.0	16.0	
塔顶总重量/t	410	210	310	500	210	295
塔架重量/t	750	200	1138	2500	250	250
轮毂高/m	120	90	102	124	80	76.5
比功率/(W·m^{-2})	401	398	473	141	400	424
比质量/(kg·m^{-2})	32.9	18.6	29.3	49.0	23.1	31.7
安装时间	2004 年 11 月	2005 年	2004 年 12 月	2002 年 8 月	2004 年 12 月	2003 年 7 月

从表 4-1 中可以看出，各家生产商制造的风力发电机组采用的发电机形式各不相同，其发电机的结构和工作原理也有所区别，对应的风力发电机组形式和控制策略也会各有特点。由于上述发电机自身的特点有所不同，因此它们所组建的风力发电系统的容量、结构和对应的控制策略也各不一样。造成上述现象的原因是由多方面因素决定的：①在探索各种风力发电系统形式时，各制造厂商在风力发电机组设计过程中考虑问题的角度和解决的关键技术难点不同，有的厂家选择的是带齿轮箱结构的技术路线，有的厂家选的是直接驱动结构；②各种发电机自身特点不同；③电力电子器件的性能、理论的发展，使高效率和性能的变流器成为可能，为具有不确定性和间歇性能源特点的风力发电系统的变速恒频运行提供了有力的支持。迄今为止，各种研究机构仍在不断研发和探索中更加适合风力发电系统的新结构的发电机。

4.1.2 工作原理

4.1.2.1 直流发电机的基本工作原理

发电机是利用电磁感应来产生电能的。根据电磁感应定律可知，如果导体产生切割磁力线的运动，就会在导体两端产生感应电动势。直流发电机的结构形式主要是由四部分组成：定子、转子（电枢）、电刷和换向器组成。

图 4-2 所示为转枢式直流发电机的原理示意图。图 4-2 中发电机转子（电枢）由风力机拖动，以恒定速度按逆时针方向旋转。当线圈 ab 边在 N 极范围内运动切割磁力线时，根据右手定则可知，感应电动势的方向是 $d-c-b-a$；此时，与线圈 a 端连接的换向片 1 和电刷 A 处于正电位，电刷 B 的电位是负。当线圈的 ab 边转到 S 极范围内，根据右手定则，此时感应电动势的方向是 $a-b-c-d$；但由于电刷是不动的，d 端线圈连接的换向片 2 与电刷 A 接触，电刷 A 的电位仍然为正，电刷 B 的电位仍然为负。由此可知，在线

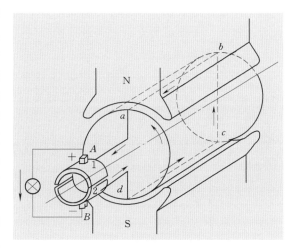

图 4-2 直流发电机的工作原理示意图

圈不停地旋转过程中，由于电刷与换向片的作用，直流发电机对外电路负载上输出恒定方向的电压和电流。

由上述原理可知，直流发电机可以直接输出直流电，不需要整流装置就能给蓄电池充电。但是直流发电机本身需要换向器和电刷，使制造成本增高，也增加了维护工作量。

在现代工农业生产和日常生活中所用的电，都是交变电流，由此并网的发电机为交流发电机，下面分别介绍同步交流发电机和异步交流发电机的工作原理。

4.1.2.2 同步交流发电机的基本工作原理

1. 结构

风力发电系统使用的同步发电机绝大部分是三相同步发电机。同步发电机主要包括定

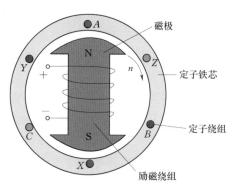

图 4-3 同步发电机的结构模型

子和转子两部分。图 4-3 所示为最常用的转场式同步发电机的结构模型。在转场式同步发电机中，定子是同步发电机产生感应电动势的部件，由定子铁芯、三相电枢绕组和起支撑及固定作用的机座等组成。定子铁芯的内圆均匀分布着定子槽，槽内嵌放着按一定规律排列的三相对称交流绕组（电枢绕组）。转子是同步发电机产生磁场的部件，包括转子铁芯、励磁绕组、集电环等环节。转子铁芯上装有制成一定形状的成对电极，磁极上绕有励磁绕组，当通以直流电流时，将会产生一个磁场，该磁场可以通过调节励磁绕组流过的直流电流来进行调节。同步发电机的励磁系统一般分为两类：一类是用直流发电机作为励磁电源的直流励磁系统；另一类是用整流装置将交流变成直流后供给励磁的整流励磁系统。发电机容量大时，一般采用整流励磁系统。同步发电机是一种转子转速与电枢电动势频率之间保持关系严格不变的交流电机。

同步发电机的转子有凸极式和隐极式两种。凸极式同步发电机结构简单、制造方便，一般用于低速发电场合；隐极式的同步发电机结构均匀对称，转子机械强度高，可用于高速发电场合。大型风力发电机一般采用隐极式同步发电机。

2. 基本工作原理

当同步发电机转子励磁绕组中流过直流电流时，就会产生磁极磁场（或称为励磁磁场）。在原动机拖动转子旋转时，励磁磁场将同转子一起旋转，从而得到一个机械旋转磁场。由于该磁场与定子发生了相对运动，在定子绕组中将感应出三相对称的交流电动势。因为定子三相对称绕组在空间相差 120°，故三相感应电动势也在时间上相差 120°。分别用 E_{OA}、E_{OB}、E_{OC} 表示，即

$$\begin{cases} E_{OA} = E_m \sin(\omega t) \\ E_{OB} = E_m \sin(\omega t - 120°) \\ E_{OC} = E_m \sin(\omega t - 240°) \end{cases} \quad (4-1)$$

图 4-4 给出了定子绕组中三相感应电动势的波形。

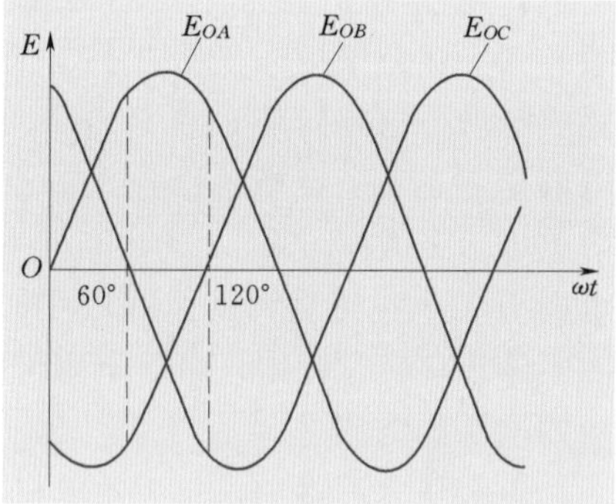

这个交流电势的频率取决于电机的极对数 p 和转子转速 n，计算式为

$$f_1 = \frac{pn}{60} \quad (4-2)$$

图 4-4 定子绕组中的三相电压波形

由于我国电力系统规定交流电的频率为 50Hz，因此极对数与转速之间具有如下的固定关系为

$$n_1 = \frac{60 \times 50}{p} \quad (4-3)$$

例如，当 $p=1$ 时，$n_1=3000\text{r/min}$；当 $p=2$ 时，$n_1=1500\text{r/min}$ 这些转速称为同步转速。

4.1.2.3 异步交流发电机的基本工作原理

1. 结构

异步发电机实际上是异步电动机工作在发电状态。异步发电机由定子和转子两个基本部分构成。定子与同步发电机的定子基本相同，定子绕组为三相的；转子则有笼型转子和绕线转子两种，如图 4-5 所示。笼型转子结构简单、维护方便，应用最为广泛。绕线转子可外接变阻器，气动、调速性能较好，但其结构比笼型复杂，价格较高。

(a) 鼠笼型异步电机及转子绕组

(b) 绕线式异步电机及转子绕组

图 4-5 异步发电机结构示意图

2. 基本工作原理

异步发电机是基于气隙旋转磁场与转子绕组中感应电流相互作用产生电磁转矩，从而实现能量转换的一种交流发电机。由于转子绕组电流是感应产生的，因此也称为感应电动机。

异步发电机既可作为电动机运行，也可作为发电机运行。当作电动机运行时，其转速 n 总是低于同步转速 $n_1(n < n_1)$，这时电机中产生的电磁转矩与转向相同。若感应电机由某原动机（如风力机）驱动至高于同步转速时（$n > n_1$），则电磁转矩的方向与旋转方向相反，电机作为发电机运行，其作用是把机械能转换为电能。

异步电机的不同运行状态可以用转差率 S 来区别表示。异步电机的转差率为

$$S = \frac{n_1 - n}{n_1} \times 100\% \tag{4-4}$$

由于异步发电机转子上不需要同步发电机的直流励磁，并网时机组调速的要求也不像同步发电机那么严格，与同步发电机相比，具有结构简单、制造、使用和维护方便，运行可靠及重量轻、成本低等优点。异步发电机的缺点是功率因数较差。异步发电机并网运行时必须从电网里吸收落后性的无功功率，其功率因数总是小于 1。异步发电机只具有有功功率的调节能力，不具备无功功率调节能力。

4.1.3 风力发电机

风力发电机组主要包括叶片、主轴、主轴承、齿轮箱（视机型而定）、发电机、变频器、控制器等部件，在这些部件中发电机目前国产化程度最高，其价格约占机组的 10% 左右。发电机主要包括 2 种机型：永磁同步发电机和异步发电机。永磁同步发电机低速运行时，不需要庞大的齿轮箱，但机组体积和重量都很大，1.5MW 的永磁直驱发电机转子直径会达到 5m，整个机舱重量达 80t。同时，永磁直驱发电机的单价较贵，技术复杂，制造困难，但这种机型的优点是少了个齿轮箱，也就少了个故障点。异步发电机是由风力机拖动齿轮箱，再带动异步发电机运行，因为叶片速度很低，齿轮箱可以变速 100 倍以上，目前流行的是双馈异步发电机，主要有 1.25MW、1.5MW、2MW 三种机型，异步发电机的机组单价低，且技术成熟，国产化高。

风力机原则上可以配备任意类型的三相发电机。即使发电机输出变频交流（AC）或直流（DC），变频器也能满足电网对电流的要求。可用于风力机的一般发电机类型有以下几种：

（1）感应发电机：包括鼠笼型感应发电机（SCIG）、绕线转子型感应发电机（WRIG）、OptiSlip 感应发电机（OSIG）、双馈感应发电机（DFIG）。

（2）同步发电机：包括绕线转子型发电机（WRSG）、永磁发电机（PMSG）。

（3）其他有发展前景的类型：包括高压发电机（HVG）、开关磁阻发电机（SRG）、横向磁通发电机（TFG）。

国内应用较为普遍的两种机型为双馈异步发电机和永磁直驱发电机，本节将总结这两种发电机的基本特点以及工作原理。

4.1.3.1 双馈异步发电机发电系统

1. 结构及特点

通常所讲的双馈异步发电机实质上是一种绕线式转子电机，由于其定子、转子都能向电网馈电，故简称双馈电机。双馈电机虽然属于异步机的范畴，但由于其有独立的励磁绕组，可以像同步电机一样施加励磁，调节功率因数，所以又称为交流励磁电机（Alternating Current Excitation Generator），也可称为异步化同步电机（Asynchronized Synchronous Generator）。同步电机由于是直流励磁，其可调量只有一个电流的幅值，所以同步电机一般只能对无功功率进行调节。交流励磁电机的可调量有 3 个，即励磁电流幅值、励磁频率、相位。

图 4-6 为一双馈异步发电机构成的变速恒频风力发电系统结构示意图。

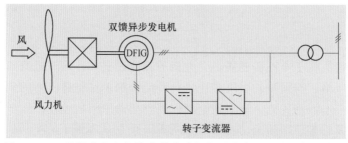

图 4-6 双馈异步发电机构成的变速恒频风力发电系统结构示意图

双馈异步发电机发电系统由一台带集电环的绕线转子异步发电机和变流器组成，变流器有 AC-AC 变流器、AC-DC-AC 变流器等。变流器完成为转子提供交流励磁和将转子侧输出的功率送入电网的功能。在双馈异步发电机中向电网输出的功率由两部分组成，即直接从定子输出的功率和通过变流器从转子输出的功率（当发电机的转速小于异步发电机时，转子从电网吸收功率；当发电机的转速大于同步转速时，转子向电网发送功率）。在风力发电系统中应用的双馈异步发电机外形大体可分为方箱空冷型和圆形水冷型。

实际上，双馈异步发电机是具有同步发电机特性的交流励磁异步发电机。相对于同步发电机，双馈型异步发电机具有很多优越性。与同步发电机励磁电流不同，双馈型异步发电机实行交流励磁，励磁电流的可调量为幅值、频率和相位。由于其励磁电流的可调量多，使得控制上更加灵活：调节励磁电流的频率，可保证发电机转速变化时发出电能的频率保持恒定，调节励磁电流的幅值，可调节发出的无功功率；改变转子励磁电流的相位，使转子电流产生的转子磁场在气隙空间上有一个位移，改变了发电机电动势相量与电网电压相量的相对位置，调节了发电机的功率角。所以交流励磁不仅可调节无功功率，也可调节有功功率。

2. 工作原理

根据电机学理论，在转子三相对称绕组中通入三相对称的交流电，将在电机气隙间产生磁场，此旋转磁场的转速与所通入的交流电的频率 f_2 及电机的极对数 p 有关。

$$n_2 = \frac{60 f_2}{p} \tag{4-5}$$

式中　n_2——转子中通入频率为 f_2 的三相对称交流励磁电流后所产生的旋转磁场相对于转子本身的旋转速度，r/min。

从式（4-5）中可知，改变频率 f_2，即可改变 n_2。因此若设 n_1 为对应于电网频率 50Hz（f_1=50Hz）时发电机的同步转速，而 n 为发电机转子本身的旋转速度，只要转子旋转磁场的转速与转子自身的机械速度 n 相加等于定子磁场的同步旋转速度 n_1，即

$$n + n_2 = n_1 \tag{4-6}$$

则定子绕组感应出的电动势的频率将始终维持为电网频率 f_1 不变。当 n_2 与 n 旋转方向相同时，n_2 取正值；当 n_2 与 n 旋转方向相反时，n_2 取负值。

由于

$$n_1 = \frac{60 f_1}{p} \tag{4-7}$$

将式（4-5）、式（4-7）代入式（4-6）中，可得

$$\frac{np}{60} + f_2 = f_1 \tag{4-8}$$

式（4-8）表明，不论发电机的转子转速 n 随风力机如何变化，只要通入转子的励磁电流的频率满足式（4-8），则双馈异步发动机就能够发出与电网一致的恒定频率 50Hz 的交流电。

由于发电机运行时，经常用转差率描述发电机的转速，根据转差率 $S = \dfrac{n_1 - n}{n_1}$，将式（4-8）中的转速 n 用转差率 S 替换，则式（4-8）可变为

$$f_2 = f_1 - \frac{(1-S)n_1 p}{60} = f_1 - (1-S)f_1 = Sf_1 \qquad (4-9)$$

需要说明，当 $S<0$ 时，f_2 为负值，可通过转子绕组的相序与定子绕组的相序相反实现。

通过式（4-9）可知，在双馈异步发电机转子以变化的转速运行时，控制转子电流的频率可使定子频率恒定。只要在转子的三相对称绕组中通入转差频率（Sf_1）的电流，双馈异步发电机就可实现变速恒频运行的目的。

3. 功率传递关系

根据双馈异步电机转子转速的变化，双馈异步发电机可以有以下三种运行状态。

（1）亚同步状态。当发电机的转速 n 小于同步转速 n_1 时，由转差频率 f_2 的电流产生的旋转磁场转速 n_2 与转子方向相同，此时励磁变流器向发电机转子提供交流励磁，发电机由定子发出电能给电网。

（2）超同步状态。当发电机的转速 n 大于同步转速 n_1 时，由转差频率 f_2 的电流产生的旋转磁场转速 n_2 与转子转动方向相反，此时发电机同时由定子和转子发出电能给电网，励磁变流器的能量流向逆向。

（3）同步运行状态。当发电机的转速 n 等于同步转速 n_1 时，处于同步状态。此种状态下转差频率 $f_2=0$，这表明此时通入转子绕组的电流的频率为 0，即励磁变换器向转子提供直流励磁，因此与普通同步发电机一样。

双馈异步发电机在亚同步状态及超同步运行时的功率流向如图 4-7 所示。

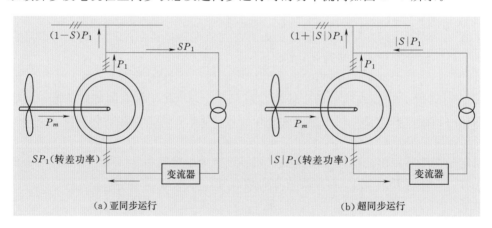

图 4-7　双馈异步发电机运行时的功率流向

在不计铁耗和机械损耗的情况下，转子励磁双馈发电机的能量流动关系可以写为

$$\begin{cases} P_m + P_2 = P_1 + P_{cu1} + P_{cu2} \\ P_2 = S(P_1 + P_{cu1}) + P_{cu2} \end{cases} \qquad (4-10)$$

式中　　P_m——转子轴上输入的机械功率；

　　　　P_2——转子励磁变流器输入的电功率；

　　　　P_1——定子输出的电功率；

　　　　P_{cu1}——定子绕组铜耗；

　　　　P_{cu2}——转子绕组铜耗；

S——转差率。

当发电机的铜耗很小，上述公式可近似理解为

$$P_2 \approx SP_1 \tag{4-11}$$

由前面介绍可知，转子上所带的变流器是双馈异步发电机的重要部件。根据式（4-11）可知，双馈异步发电机构成的变速恒频风力发电系统，其变流器的容量取决于发电机变速运行时最大转差功率。一般双馈电机的最大转差率为 $\pm(25\%\sim35\%)$，因此变频器的最大容量仅为发电机额定容量的 $1/3\sim1/4$，能较多地降低系统成本。目前，现代兆瓦级以上的双馈异步风力发电机的变流器，多采用电力电子技术的 IGBT 器件及 PWM 控制技术。

4.1.3.2 直驱永磁同步发电机发电系统

1. 结构

直驱式风力发电机是一种由风力直接驱动的低速发电机。采用无齿轮箱的直驱发电机虽然提高了发电机的设计成本，但却有效地提高了系统的效率以及运行可靠性，可以避免增速箱带来的诸多不利，降低了噪声和机械损失，从而降低了风力发电机组的运行维护成本，这种发电机在大型风力发电机组中占有一定比例。因发电机工作在较低转速状态，转子极对数较多，故发电机的直径较大、结构也更复杂。为保证风力发电机组的变速恒频运行，发电机定子需要通过全功率变流器与电网连接。目前在实际风力发电系统中多使用低速多极永磁发电机。图 4-8 给出了多极永磁直驱式变速恒频风力发电系统的结构示意图。

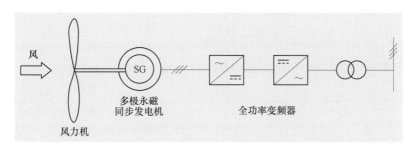

图 4-8　多级永磁直驱式变速恒频风力发电系统的结构示意图

2. 特点

由于永磁同步发电机（PMSG）具有自励特性，能够高功率因数和高效率运行，许多研究者建议在风力发电机组中应用永磁同步发电机。

永磁发电机由于不需要任何能源来提供励磁，它的效率要比感应发电机高。但是用来产生永磁的材料很昂贵，并且难以加工制造。此外，永磁励磁要求使用全功率变频器来分别调节发电机电压和频率以达到输电要求，增加了成本。永磁发电机的优点是只要满足电流条件，在任何转速都可以发电。它的定子是绕线型的，转子是永磁体磁极系统，可以是凸极或是椭圆形。凸极在低速发电机中更常用，这对于风力发电机是一种有效的结构。典型的低速同步发电机是凸极类型或多极类型。

永磁发电机有多种不同的拓扑，最常见的类型是放射状磁通发电机、轴向磁通发电机和横向磁通发电机。

永磁同步发电机的同步特性在启动、同步和电压调节时可能引起问题。它不能提供恒定的电压。它的另一个缺点是磁通是温度敏感性材料，故障期间的高温可能使磁通材料退磁。因此，必须监视永磁同步发电机的转子温度并配备冷却系统。

低速永磁直驱发电机的特点如下：

（1）发电机的极对数多。根据电机理论知，交流发电机的转速与发电机的极对数及发电机发出的交流电的频率有固定的关系，见式（4-11）。

当 $f=50\mathrm{Hz}$ 为恒定值时，若发电机的转速越低，则发电机的极对数应越多。从电机结构知，发电机的定子内径（D_i）与发电机的极数（$2p$）及极距（τ）（沿电枢表面相邻两个磁极轴线之间的距离称为极距）成正比，即

$$D_i = 2p\tau \tag{4-12}$$

因此，低速发电机的定子内径远大于高速发电机的定子内径。当发电机的设计容量一定时，发电机的转速越低，则发电机的直径尺寸越大。如某 500kW 直驱型风力发电机组，发电机有 84 个磁极，发电机直径达到 4.8m。

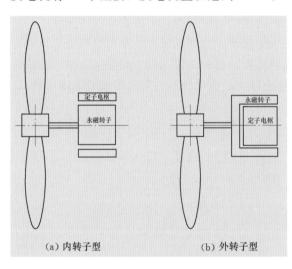

（2）转子采用永久磁铁。转子使用多极永磁体励磁。永磁发电机的转子上没有励磁绕组，因此无励磁绕组的铜损耗，发电机的效率高；转子上无集电环，运行更为可靠；永磁材料一般由铁氧体和钕铁硼两类，其中采用钕铁硼制造的发电机体积小，重量较轻，因此应用广泛。

（3）定子绕组通过全功率变流器接入电网，实现变速恒频。直驱式电机转子采用永久磁铁，为同步电机。当发电机由风力机拖动作变速运行时，为保证定子绕组输出与电网一致的频率，定子绕组需经接全功率变流器并入电网，实现变速恒频控制。因此变流器容量大，成本高。

图 4-9　直驱永磁发电机类型

大型直驱永磁发电机按结构形式可分为内转子型和外转子型，图 4-9 为其结构示意图。

4.2　发电机的故障诊断方法

4.2.1　发电机的主要故障类型

4.2.1.1　双馈异步发电机

风力发电机长期运行于变工况和电磁环境中，风力发电过程中存在机械系统、电路系统、磁路系统和通风散热系统等相互关联的工作系统，涉及机、电、磁、力等物理甚至化

学演变过程。正因为如此复杂的运行工况，导致双馈异步发电机容易出现故障，其故障类型也是多种多样的。如发电机振动过大、发电机过热、轴承过热、转子或定子线圈短路、转子断条以及绝缘损坏等。从发电机结构来看，可分为定子故障、转子故障、轴承故障以及气隙偏心引起的故障等。

1. 定子故障

定子是发电机重要部件，包括定子机座、定子铁芯、定子线圈等部分。发电机运行时，其故障类型可包括三方面，即定子绕组故障、定子铁芯故障、定子机座故障。定子机座是承重部件，支承铁芯、线圈、冷却器及盖板等部件，由于结构特点和其刚度问题，定子机座容易发生振动和变形。定子铁芯是磁路的主要组成部分并用以固定线圈。定子运行时，定子铁芯受到机械力、热应力和磁拉力的综合作用，导致铁芯松动，受热膨胀，产生矽钢片弯曲变形，定子组合缝松动，造成定子极频振动。定子绕组由扁铜线绕制而成，表面包有绝缘材料。在发电机长期运行中，受到温度变化影响，冷热膨胀，绝缘变化，材料变脆，气隙扩大，加之绝缘材料的不均匀性造成电场分布的不均匀等原因，会引起定子线圈绝缘放电匝间短路，定子绕组主绝缘破坏。另外，由于温度变化，定子槽楔松动，还会造成定子线棒振动，特别容易造成线棒端部因振动而导致绝缘损坏。考虑到定子还受到电网波动等因素的影响，其故障表现形式除绝缘损坏、匝间短路、过热外，还有相间短路和单相接地短路等。

2. 转子故障

双馈异步发电机的转子通过变频器与控制系统相连，变频器向转子提供电流。与定子故障类似，转子绕组故障也包括匝间短路、过热及绝缘故障等。转子运行过程中，若存在质量不平衡或电磁不平衡，如由于安装不良导致转子在定子内孔中偏心（不动偏心）或由于长期运行中使得主轴发生弯曲变形导致转子铁芯相对轴线的偏心（旋转偏心），将会引起气隙磁场畸变，出现气隙偏心故障。故障将产生不同于正常运行时的气隙电磁力波作用在转子和定子上，引起转子和定子振动。

3. 轴承故障

轴承故障主要是由于负载过重等引起的轴承磨损以及表面碎裂等状态。发电机轴承的主要失效形式是磨损，磨损使轴承内部的游隙明显增大，从而引起轴承支承部位的振动和噪声增加，使机械的运行状态变差，导致轴承不能正常工作，从而影响发电机的正常工作。轴承故障分为内圈故障、外圈故障、滚动体故障以及保持架故障。同齿轮箱轴承的故障机理类似，在发电机转动系统中，轴承一旦出现故障，这些故障发生后将产生周期性冲击，往往产生频率很高的振动。

上述故障之间是互为诱因，相互关联。以定子绕组故障主要包括匝间短路、过热及绝缘故障为例，由于绝缘系统是发电机机械和电气方面较薄弱的环节，老化、磨损、过热、振动、受潮等因素都会导致绝缘性能下降，严重时就会出现击穿从而引起绕组匝间短路、接地或相间短路故障；而发电机定子绕组由于匝间短路、股线断裂会造成线圈内部放电；由于绝缘磨损造成局部泄漏电流增大；且线圈连接线焊接不良等原因导致定子绕组局部过热的故障经常出现。有文献统计数据表明发电机故障中，轴承故障占 40%，定子故障为 38%，转子故障为 10%，其他故障占 12%。

4.2.1.2　永磁同步发电机

永磁同步电机内部同时存在多个相关的工作系统，如电路系统、磁路系统、机械系统、绝缘系统、散热系统等。故障的起因和故障征兆表现出多样性，而对轻微故障的电机，其故障征兆又具有相当的隐蔽性，其量值小，难以发现，这为电机故障诊断增加了困难。

在永磁同步电机中，一个故障常常表现出很多征兆，电机定子绕组断路或短路这一故障会引起定子电流发生变化，发电机振动会增加。而且有很多不同的故障会引起同一个故障征兆，如引起电机振动增大的原因有很多，除定子绕组匝间短路外，定子端部绕组松动、机座安装不当、铁芯松动、转子偏心等。由此可见，对于永磁同步电机这种运行状态复杂、影响因素众多的电气设备，如对其结构、原理、运行工作方式、负载性质不清楚，要对电机进行故障诊断是十分困难的。

永磁同步电机是交流同步电机的一种，主要区别于其他一般的同步电机之处为其转子为永磁体，由于转子无绕组，因此省去了转子励磁线圈和电刷等设备，而现在永磁体转子的制造工艺日趋成熟，因此由转子侧引起的电机故障的可能性大大减小。根据对永磁同步电机文献资料中所出现的故障情况统计和分析，永磁同步电机的故障主要分为定子绕组故障、转子故障、温度升高故障等。

（1）定子绕组故障。指由于定子部分的原因使得电机无法正常工作，主要包括匝间短路或者由匝间短路发展导致的相间短路、接地短路等。短路故障是电力系统和设备的一种非正常运行情况，包括相与相或者相与地之间的短接。在正常情况下，相与地和相与相之间是绝缘的，如果由于某种原因使其绝缘破坏而构成了通路，就称为发生了短路故障。发生短路的原因有很多种，电气设备绝缘损坏引起短路最为常见。各种形式的过电流过电压；绝缘材料的自然老化、机械受损；设备的设计、安装和运行维护操作不当等都会引起绝缘的损坏。大型风力电机由于其端部固有频率的振动、装配工艺、线棒松动、油污等原因将造成定子绕组线棒的损坏，绕组匝间短路，股线断股，这些都危害发电机的安全可靠运行。

（2）转子故障。和其他类型发电机一样，直驱永磁同步发电机也会出现转子质量不平衡和转子不对中故障。转子不平衡是指转子部件质量偏心。它可以引起转子反复的弯曲和内应力，造成转子疲劳损坏和断裂；引起旋转机械产生振动和噪声，加速轴承、轴封等零件的磨损；转子的振动可以通过轴承、基座传递到基础上，恶化周围的工作环境。由于设计、制造、安装、恶劣运行环境等原因，转子可能会出现不对中故障。不对中故障会引起轴挠曲变形；使轴承上的负荷重新分配，引起机器异常振动；严重时导致轴承和联轴器的损坏、地角螺丝断裂或扭弯、油膜失稳、转子与定子产生碰磨等后果。直驱永磁同步发电机由于自身的结构特点，转子上无励磁绕组，旋转磁场靠多级永磁体提供。永磁风力发电机在运行过程中，转子上永磁体在受到高温、电枢电流、振动等因素影响时，可能会出现局部的退磁、不可逆失磁等现象。在发电机使用寿命的 20 年周期内，永磁同步发电机转子是否会面临失磁故障目前行业上还存在争议，有待未来技术发展进行验证，已经有学者在开展转子失磁故障诊断方法的研究。

（3）温度升高故障。发电机的温度也对电机的正常运行非常重要，现代永磁发电机主要采用风冷或者水冷来对电机进行降温，当由于某种故障引起发电机的发热量超过发电机的最大散热时，发电机的温度就会急剧上升，发电机的温度过高不仅会使发电机的寿命缩短，定子绕组绝缘程度下降，甚至可能造成火灾等危险。永磁同步发电机的温度过热往往是发电机故障的综合表现。导致发电机过热的因素有很多，冷却系统出问题和定子保持长时间的大电流运转可能会造成发电机急剧升温。

4.2.2 故障诊断分析方法

当发电机从正常运行状态变化到故障运行状态时，必然引起一些物理量的变化，主要有电气量的变化和非电气量的变化。其中，电气量包括电流、电压、功率、转矩等；非电气量包括光、声、热量、振动等。发电机的故障诊断方法正是以这些反映电机运行状态的物理量的变化为依据的。目前主要的诊断方法有局部放电监测法、电流高次谐波和不平衡检测法、磁通检测法、定子电流检测法、转速脉动检测法、机体振动检测法以及温升检测法等。这些诊断方法都是通过现有的测量设备获取对应的电气量或非电气量信号，再采用先进高效信号处理技术对信号进行分析处理，最终精确地提取能够反映故障性质和故障程度的特征信息。

由于发电机的工作原理和结构特点，发电机内部存在着几个互相关联而又不可完全分割的工作系统，因此发电机诊断技术需涉及较多技术领域。

发电机的作用是将机械能转化为电能，因此，除永磁发电机外，其他发电机都存在定子和转子两套电路，通过磁场相互耦合，在定子、转子间的气隙内实现能量交换，完成机械能到电能的转换。因此，发电机中大都存在相互独立的电路和一个耦合电路的磁场。

发电机绕组是完成能量转换的关键部件。绕组内导体之间、绕组对地之间均有不同的电压。发电机内不同的电压是通过不同的绝缘材料组成的绝缘结构进行隔离的。电机内不同绝缘结构构成了电机的绝缘系统。

发电机的能量交换的过程中，会产生电损耗、机械损耗和介质损耗。所有损耗最终以热能形式散发，需要由冷却介质带走，这就是发电机的发热和冷却。发电机的冷却形式包括水冷式和风冷式。

因发电机内部至少包括：①电路系统；②磁路系统；③绝缘系统；④机械系统；⑤通风散热系统。这些工作系统独立又相互关联。发电机运行中出现的故障，将会涉及这些独立的工作系统。由于发电机几个工作系统相互关联，故障起因和故障征兆往往表现出多元性，因而发电机的诊断比一般机械设备诊断涉及的技术领域更广，包括电机学、热力学和传热学、高电压技术、材料工程、机械诊断学、电子测量学、信息工程技术、计算机技术等多个知识领域。本书只简单介绍其中几种故障诊断方法。

4.2.2.1 基于电气参数信号检测的静态故障识别方法

通过对测量的发电机的电阻、阻抗、感抗、相角、电流倍频 I/F 值等信号的三相平衡分析，进行发电机定子、转子的故障诊断，其判断依据是建立在基于静态电机电路分析技术上。

在一个健康的三相电机中，所有线圈测试的参数应该都是平衡的。电机静态监测的IEEE标准见表 4-2。

故障时相应参数的变化规律如下：

表 4-2　IEEE 电机三相平衡评判标准

测试项目	电机状态		
	良　好	缺　陷	故　障
电感 L	2%	5%	10%
阻抗 Z	2%	3%	5%
I/F	0	1	>2
相角 F_i	0	1	>1

（1）转子断条。当转子回路出现故障时，R、F_i、I/F 均无大的偏差，而 Z、L 偏差很大，或者 R、I/F 平衡，Z、L、F_i 偏差很大；则可以确定为转子故障。如果进一步结合振动频谱，在定子电流频谱图上，电源频率两侧将出现一个边频带（f_p），转速的波动使电流以电源频率为中心，在频率的上、下限之间变化。由基频与边频电流幅值的比值可以推断断裂的转子条数目。

（2）气隙偏心。气隙偏心分为静态偏心和动态偏心两种。静态偏心是由定子铁芯的椭圆度或装配不正确造成的；动态偏心是由转轴弯曲、轴颈椭圆、临界转速时的机械共振及轴承磨损等造成。气隙偏心会导致 R、F_i、I/F 均无大的偏差，而 Z、L 偏差很大、定子与转子碰擦等故障。

（3）定子匝间短路故障。匝间短路后，电机的绕组因为一部分被短路，磁场就和之前不同，而且剩余的线圈电流要比之前大，电机运行中振动增大、电流增大、出力相对减小。造成匝间短路的原因可能为：发电机过热使匝间绝缘损坏；发电机长期使用，绝缘老化等。当早期匝间短路出现时，R、Z、L 平衡，F_i 与 I/F 不平衡，匝间短路的典型特征为 R 平衡或不平衡，Z、L、F_i 不平衡。

4.2.2.2　基于电流、电压、功率等信号谱分析的故障诊断方法

信号处理的故障诊断方法是借助一定的数学方法来描述设备输出信号的幅值、相位、频率及相关性与故障源之间的关系，通过分析与处理这些相关量来识别故障。可以通过对电压、电流等采样信号进行频谱分解得到各次谐波的幅值和相位，并对得到的频谱进行分析，找出与故障对应的特征量来诊断发电机的故障。这种方法较容易实现，而且实时性较好，但是有时容易出现故障的误判和漏判。发电机的故障诊断中，相关文献常用的谱分析法有傅里叶变换方法、功率谱分析方法、小波变换方法等。

1．基于快速傅里叶变换（FFT）的故障诊断法

（1）匝间短路故障：采集定子和转子的电流信号，然后对其进行傅里叶变换，提取其频谱信息，可以分析判断其是否发生匝间短路故障。有研究者指出，当双馈异步电机正常工作时产生的定子电流是对称的，并且定子、转子电流频率分别为 f 和 Sf；当电机定子发生匝间短路故障时，定子电流失去对称性，从而产生了反向旋转的磁场，并在转子电流中产生频率为 $(2-S)f$ 的故障谐波分量。该频率成分又反作用于定子电流，这样故障谐波分量便传播开来，定子电流中的谐波表达式为 $f_{ksa}=\pm kf$，转子电流中的谐波表达式为 $f_{kra}=(2k\pm S)kf$。所以可以通过傅里叶变换检测定转子电流中的谐波成分来判断是否出现了匝间短路故障。

（2）转子偏心故障：主要是由于长期运行中电机轴承变形，造成转子与定子之间的气隙不均匀。发电机出现气隙偏心故障后，电机定子电流中将出现附加分量，所以基于输出电流、电压、功率等信号的检测方法是识别转子偏心故障的有效手段。双馈异步电机出现气隙偏心故障后，电机定子电流中将出现附加分量，所以判断电机是否出现偏心故障的方法是对定子电流信号做频谱分析，检测其中是否含有上述频率分量。有研究人员以鼠笼异步电机转子偏心故障为例，采用定子电流检测法，开发出了一套基于 DSO—2100 虚拟数字示波器的故障诊断系统，得出了当电机转子存在偏心故障时，定子电流频谱中的特征频率值在不同偏心程度和不同负载下的变化规律。

2. 基于功率谱密度（PSD）的故障诊断法

有研究者提出通过转子电路中的监控组件测量转子相电流、转子电流矢量和转子线圈电压，对这些参数进行功率谱密度分析即可发现定子匝间短路故障，如当双馈异步发电机在 4 匝匝间短路故障时，首先对其转子电流功率谱密度（PSD）进行了仿真，发现谐波次数 $k=3k_1$，即 $f=127.5\text{Hz}$ 频率处的 PSD 幅值明显，将该频率分量作为匝间短路故障的特征频率。为了验证上述仿真结论，进一步实验测得的转子相电流、转子电流空间矢量以及转子线圈电压三个信号，进行 PSD 分析，结果同样发现 $f=127.5\text{Hz}$ 处的 PSD 值最能反映故障情况。转子空间矢量信号和转子线圈电压信号比转子相电流信号的 PSD 效果更为显著。仿真结果表明，通过此模型可以在 2s 内清晰明确的诊断出任何情况下的匝间短路故障。

3. 基于小波变换的故障诊断法

前述两种方法做进一步分析可以发现，基于 FFT 和 PSD 分析法均适用于稳态（即转差率 S 不变）的情况。而双馈感应发电机的输入风速不可能保持恒定，所以当 S 变化时，获得的故障特征量可能会以正比于风速变化的带宽扩散，从而可能使得采用这些方法进行的诊断出现误判；除此以外，基于 FFT 和 PSD 分析法并不能提供特征信号的时域信息，这些因素决定了需要寻求新的方法。小波分析是在傅里叶变换的局部化思想的基础上发展起来的一种方法，优点是具有用多重分辨率来刻画信号局部特性的能力，适用于探测正常信号中夹带的瞬间反常现象并展示其成分，这对于故障诊断有着非常重要的意义。小波分析非常适合分析和处理非平稳信号，而且也可以用来分析平稳信号。小波变换具有多分辨率的特点，在时频两域都具有表征信号局部特征的能力。有研究者提出了对船舶使用的发电机三相定子电流的 Park 矢量模信号进行小波包分解，并求出相应子频带小波包分解的均方根值（RMS），以此作为表征电机轴承的故障特征，并将此作为发电机轴承故障诊断的依据。

4.2.2.3　基于振动信号的故障诊断方法

1. 分析方法

振动过大是发电机的一种常见故障，根据发电机振动的频谱来判断早期的故障点和产生原因是一种快速可行的方法。基于振动信号的故障诊断方法原理前面几章论述较多，这里不再赘述。同齿轮箱轴承的故障类似，在发电机系统中，轴承一旦故障，会产生频率很高的振动。在传感器获取的振动信号中，只要滤去各种低频信号，仅拾取高频分量，即可得到轴承的特征故障信号。

例如，滚动轴承在运转时总会产生振动，它的振动通常是由下列两种振动组合而成的。第一种是由于轴承滚动元件的加工偏差引起的，如圆度、粗糙度和平面度等，这种偏差是随机的，因而所引起的振动也是随机的，但振级很小；第二种是由于外力的激励而引起的轴承某个元件在其固有频率上的振动。对各种轴承元件，其固有频率有一确定的范围，可按下面计算求得。

滚动体的固有频率为：

$$f_b = \frac{0.424}{r}\sqrt{\frac{E}{2\rho}}$$

式中　r——钢球半径，m；

　　　ρ——材料密度，kg/m^3；

　　　E——材料弹性模量，N/m^2。

　　轴承的各类损伤直接表现在组成轴承的各个零件上，如外滚道、内滚道、保持架及滚动体等出现损伤点。通常情况，各零件出现故障，设备在运行中会产生与主轴旋转频率不一致的故障特性频率。根据轴承损伤的部位不同，故障特性频率可分为以下 3 种情况：

　　（1）内滚道上有一点缺损（剥落、凹坑等），与一个滚动体的接触频率是：

$$f_1 = \frac{f_r}{2}\left(1 + \frac{d}{D}\cos\alpha\right)$$

　　（2）外滚道上有一点缺损，其一个滚动体的接触频率是：

$$f_2 = \frac{f_r}{2}\left(1 - \frac{d}{D}\cos\alpha\right)$$

　　（3）滚动体上一个缺损与外滚道或内滚道的接触频率是：

$$f_3 = \frac{f_r}{2}\left[1 - \left(\frac{d}{D}\right)^2\cos^2\alpha\right]$$

式中　d——滚动体直径；

　　　D——滚道直径；

　　　α——接触参数；

　　　f_r——内环或主轴旋转频率。

　　2. 诊断实例

　　某台风力发电机组进行例行检修时，发现机舱内部发电机振动超标，并且有机械摩擦的噪声发出。当把发电机外部部件（冷却罩风扇、滑环操作盖、底板、接地碳刷等）拆卸后，机械摩擦噪声仍然存在，而且噪声的重复频率与转子转动频率成倍数关系，故可排除定、转子之间刮碰或转子与其他固定装置的摩擦故障，基本锁定了发电机的振动是由轴承室内的滚动轴承失效所引起。

　　研究人员把振动传感器安放在发电机轴承，采集轴承的轴向和径向振动情况，采集安装在发电机后端的光电编码器的发电机的转速信号，采用功率谱分析技术，对振动信号进行频谱分析，得到滚动轴承滚动体、内滚道和外滚道的故障特征频谱。用上述经验公式分别计算出轴承三种基本故障的特征频率，再把理论计算出的轴承故障特性频率与经过频谱测试的频谱图进行对比，轴承振动频谱分析结果显示振动的频率与轴承内环故障特性频率成倍频关系，经理论分析得出发电机滚动轴承内滚道上有缺损点。

　　现场实际拆卸下的轴承损伤实地验证如图 4-10～图 4-12 所示，验证了上述振动法频谱分析的正确性。

4.2.2.4　基于状态观测器解析模型的故障诊断法

　　基于解析模型的故障诊断技术是故障诊断的一类方法，此类方法在发电机故障诊断中也有应用。基于状态观测器的诊断方法通过重构电机的内部状态进行故障诊断。诊断过程如下：

图 4-10 拆卸下来的圆柱滚子轴承

图 4-11 轴承内圈滚道上的压痕

(a)

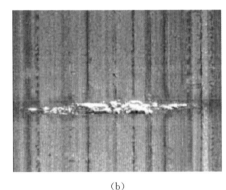

(b)

图 4-12 失效轴承内圈滚道面上缺损痕迹

（1）将双馈异步电机电流写成微分方程，即

$$\begin{cases} \dfrac{\mathrm{d}x}{\mathrm{d}t} = Ax + Bu \\ y = C^{\mathrm{T}}x \end{cases} \tag{4-13}$$

式中　　x——状态向量；

　　　　u——输入向量；

　　　　y——输出向量；

A、B、C——系统矩阵、输入矩阵和输出矩阵。

根据式（4-13），构建 Luenberger 观测器方程为

$$\begin{cases} \dfrac{\mathrm{d}\overline{x}}{\mathrm{d}t} = \overline{A}x + \overline{B}u + K(y - \overline{y}) \\ y = \overline{C}^{\mathrm{T}}\overline{x} \end{cases}$$

式中　K——状态反馈阵，用于计算观测器输出量和系统输出量间的误差。

（2）在正常情况下和匝间短路故障下进行仿真并计算出观测器和系统间的观测误差，若该观测误差快速收敛为 0，则未发生故障；若某个故障量的观测误差发生突变或超过某一阈值，则此处发生了故障。仿真结果均说明该观测器适用于暂态条件并且可以准确地检测双馈异步电机的故障。

目前基于状态观测器的解析模型故障诊断法主要停留在仿真阶段，应用于实际故障诊断还需时日。

4.2.2.5　基于智能模型分析的故障诊断方法

智能诊断方法具备传统诊断方法无可比拟的优越性，可处理传统故障诊断方法不能解决的问题，因而近期人工智能方法在发电机故障诊断方面得到了广泛应用。目前，智能模型在针对汽轮、水轮发电机的故障诊断较成熟，在风力发电机故障诊断上应用较少。针对风力发电机组永磁同步发电机的相间短路故障，有研究者提出了基于人工神经网络的发电机短路故障诊断方法。短路主要包括定子单相短路、两相短路、三相短路。发生相间短路故障时，电磁场、温度场及振动值与正常运行时相比发生较大变化。而单相短路、两相短路及三相短路故障时的短路电流、磁通密度、对磁钢的制动力以及发电机的振动程度都不相同，随着短路故障在时间上的延续，故障征兆将会越明显。其诊断过程如下：

采集电机的 6 个特征参数：A、B、C 三相电流、磁通密度、温度和振动信号作为诊断的输入量。因发电机的磁场数据不易获取，温度数据随环境和故障时间的长短变化随机性大，相对不够准确，而电流和振动数据随故障发生的幅度变化较明显、相对较可靠等，故取发电机的多种信号综合进行判断，且结合现场实测数据修正模型，以保证判别的准确性。电机易发生单相短路、两相短路、三相短路故障，加上正常运行状态，可认为有 4 种运行模式。诊断网络输出层 4 个结点，分别对应发电机正常运行、单相短路、两相短路和三相短路 4 种状态。二进制数格式描述电机正常运行、单相短路、两相短路、三相短路状态见表 4-3 所示。

表 4-3　故 障 模 式 分 类

故障模式	对 应 状 态			
	结点 1	结点 2	结点 3	结点 4
正常运行	1	0	0	0
单相短路	0	1	0	0
两相短路	0	0	1	0
三相短路	0	0	0	1

对发电机的现场运行的故障数据进行采集和记录整理，从历史资料中挑选典型的短路故障数据进行分析，经归一化处理，得到 4 组故障样本数据，见表 4-4。

表 4-4　故 障 样 本 数 据

状态	I_A	I_B	I_C	磁通密度	温度	振动信号
正常运行	0.012	0.012	0.013	0.011	0.015	0.017
单相短路	0.582	0.223	0.241	0.217	0.201	0.242
两相短路	0.683	0.663	0.334	0.165	0.604	0.688
三相短路	0.992	0.983	0.991	0.981	0.997	0.983

然后运用了 3 种神经网络（包括 BP 神经网络，Elman 神经网络，PNN 神经网络）进行故障诊断。在运用典型的故障数据和正常数据训练神经网络后，神经网络经过学习和

训练，确定了进行故障诊断的神经网络权值，然后将待诊断数据送入训练好的神经网络，神经网络的输出就对应发电机的故障状态。

以 BP 神经网络为例简单分析发电机故障的诊断过程有以下步骤：

（1）BP 神经网络模型结构确定：三层网络可以较好地解决模式识别的一般问题，因此网络输入层神经元个数为 6，隐含层神经元个数近似为 13，输出层神经元个数为 4。网络输入向量范围是 $[0,1]$，隐含层神经元传递函数采用 S 型正切函数 tansig，输出层神经元传递函数采用 S 型对数函数 logsig，变量 threshold 用来定义输入向量的最大值和最小值，网络参数的训练函数采用 trainlm。

（2）通过训练样本训练好 BP 神经网络后，使用测试数据进行故障诊断。当测试样本输入为正常数据的三相电流、磁通密度、温度和振动信号的 6 个归一化参数：0.101、0.121、0.009、0.085、0.062、0.091 时，网络输出为 0.9754、0.0484、0.0000、0.0000。可见神经网络诊断结果是输出故障模式 1000，对照前面的故障模式表 4-3 可给出结论：正常。当测试样本输入为两相短路故障 0.592、0.633、0.305、0.156、0.594、0.624，神经网络输出为 0.0145、0.0090、0.9971、0.0101。网络诊断输出的故障模式为 0010，对照前面的故障模式表 4-3 可给出结论：两相短路。

BP 神经网络与 Elman 神经网络、PNN 神经网络两种神经网络比较而言，BP 网络的收敛速度较快；Elman 神经网络的逼近能力较 BP 神经网络优越，网络结构简单，比 BP 神经网络训练的误差曲线平滑；PNN 神经网络对于故障诊断有较强的容错能力，可进行结构自适应调整，能够根据信号来综合判断短路故障究竟属于单一型还是复合型故障。

需要指出的是，在众多发电机故障诊断方法中，除个别方法在风力发电机组上已实际应用外，很多是通过软件仿真或实验室模拟的方法模拟故障，分析故障表征，然后再使用某种方法对测得的信号进行处理，提取故障特征，从而确定故障性质或程度。值得注意，实际运行中的发电机受到现场齿轮箱、叶轮及运行环境的影响，测得的信号中存在干扰，与仿真信号存在差距。如何对实际信号进行处理，排除干扰因素，保证精确地提取故障特征量，是在工程应用中需要进一步解决的问题。

4.3　发电机的运行维护

4.3.1　常见故障及原因

风力发电机常见故障包括：振动噪声大、轴承过热失效、绝缘电阻低和绕组短路接地和断路等。

（1）振动噪声大。主要原因包括：转子系统动不平衡；轴径不圆；轴变形、弯曲；齿轮箱与发动机系统轴线未校准、安装不紧固、基础不好或有共振、转子与定子摩擦；如果是笼型转子，可能还存在转子笼条有断裂、开焊等。

（2）绝缘电阻低。主要原因包括：发电机温度过高；潮湿或灰尘、导电微粒或其他污染物污染了发电机绕组；力学性能损伤等。

（3）轴承过热、失效。主要原因包括：不适合的润滑、润滑脂失效或过多、过少；轴承有异物；轴承磨损；轴弯曲、变形，轴承套不圆或变形；发电机承受额外的轴向力和径向力；齿轮箱与发电机轴线未对准；轴的热膨胀不能释放等。

（4）绕组断路、短路接地。主要原因包括：绕组机械性损伤；绕组极间连接线焊接不良；电缆绝缘破损；接线头脱落；匝间短路；异物污染绕组；长时间过载导致发电机过热；绝缘老化；其他元器件短路；雷击损坏。

4.3.2 日常运行维护

发电机的日常维护工作量较小，主要包括：定期加注发电机前后轴承油脂；日常巡视发电机的清洁；倾听运行声音是否异常等。巡视时如发现有异常声音，特别是周期性响声，必须及时记录并反馈处理。发电机的维护包括以下方面：

（1）检查表面涂层。此项维护工作在风力发电机组运行 3 个月后首次进行，以后每年进行一次。如果发现涂层损坏，应由维修人员按要求补漆。

（2）检查发电机安装支座，并紧固螺栓。此项维护工作在风力发电机组运行 3 个月后首次进行，以后每年进行一次。如果发现螺栓有松动现象，需检查螺栓是否受损；如果没有受损，可由检查人员重新拧紧螺栓，如果已经受损，需维修人员修复或更换。

（3）检查发电机输入轴连接情况。此项维护工作在风力发电机组运行 3 个月后首次进行，以后每年进行一次。

（4）检查定子绕组绝缘电阻。此项维护工作在风力发电机组每运行半年后进行。发电机绕组的绝缘电阻定义为绝缘对于直流电压的电阻，此电压导致产生通过绝缘体及表面的泄露电流。绕组的绝缘电阻提供了绕组的吸潮情况及表面灰尘积聚程度的信息，即使绝缘电阻值没有达到最低值，也要采取措施干燥发电机或清洁发电机。690V 及以下发电机，用 500V 的兆欧表进行测量。定子绕组三相整体测量时，20℃的绝缘电阻值 R_{INSU} 应不低于 $3(1+U_n)$ MΩ。U_n 为发电机的额定线电压，以千伏计。

（5）轴承的维护、保养及更换。此项维护工作在风力发电机组每运行 3 个月后进行。滚动轴承是有一定寿命的、可以更换的标准件。根据制造商提供的轴承维护铭牌或发电机外形图或者其他资料上提供的轴承型号和润滑油脂牌号，润滑脂的加脂量、加脂时间、换脂时间进行轴承的更换和维护。要特别注意环境温度对润滑脂润滑特性的影响。

（6）发电机冷却系统维护。对于采用水冷的发电机，为持续保证冷却水的理想冷却效果，一般在一定的时间间隔应清理冷却管道。风冷的发电机要保证冷热空气流通通畅，电机表面积灰必须及时清除。

4.4 发电机故障诊断案例

4.4.1 发电机机械故障

根据相关统计数据，运行在 5 年以内的风力发电机组，发电机机械部分的平均故障概率为 3% 左右，由于多数 4 极双馈异步发电机运行速度在 1000r/min 以上，且工况较差，因此造成高速运行下的发电机机械故障数量也相当可观。引发发电机机械故障的主要原因是轴承的润滑不良和轴电流腐蚀，因此在日常运行维护过程中，需要重视对发电机机械传动系统的状态检测；而振动监测方法是发电机机械传动部分状态检测的最佳方案。

4.4.1.1 轴承故障

1. 轴承内圈故障

某风电场位处沿海地区，地形平缓。机组单机容量为 1.5MW，采用双馈式、三叶片、电变桨运行方式；塔筒高 80m，分为上、中、下三节，属柔性筒式塔架。该风电场风资源属于 IEC Ⅲ 类，年平均风速 5.5m/s，已运行 3 年，振动检测前无故障发生，设备运行平稳。通过对双馈异步发电机驱动端轴承使用振动监测方法，预判出潜在的轴承故障，防止了故障扩大。

经现场人员在机组并网运行时登塔收集发电机的振动数据，将测得的振动数据上传至分析中心使用专业分析软件进行时域、频域分析，发现了发电机驱动端轴承内圈故障特征。

（1）对驱动端轴承垂直方向进行振动监测，得到驱动端轴承垂直方向包络频谱、速度谱及时域图，如图 4-13～图 4-15 所示。

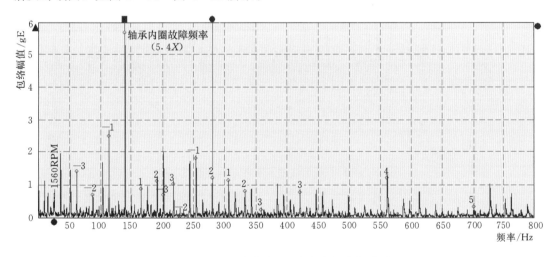

图 4-13　驱动端轴承垂直方向包络频谱图

注：蓝色为倍频，红色为边频。

分析图 4-13 可知，驱动端轴承垂直方向包络频谱（500Hz～10kHz）的 gE 总值很高，达 27.53gE；出现明显的调制现象，调制频率为 26Hz，载波频率为 140.3Hz 及其谐波。其中，发电机转频为 26Hz，140.3Hz 为发电机转频的 5.4 倍，符合轴承内圈故障频率特征。

分析图 4-14 可知，驱动端轴承垂直方向速度谱的振动总值很高，为 14.26mm/s；并出现明显的调制现象，调制频率为 26Hz，载波频率为 140.3Hz 及其谐波，与图 4-13 的加速度包络频谱反映了同样的轴承内圈故障频率特征。

分析图 4-15 可知，驱动端轴承垂直方向时域波形冲击现象明显，冲击幅值很高，冲击频率为 140Hz。

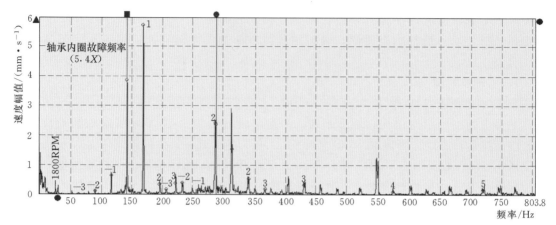

图 4 - 14　驱动端轴承垂直方向速度谱图

注：蓝色为倍频，红色为边频。

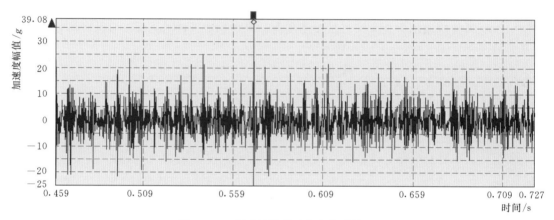

图 4 - 15　驱动端轴承垂直方向时域图

（2）对驱动端轴承水平方向进行振动监测，得到驱动端轴承水平方向频谱、速度谱及时域图，如图 4 - 16～图 4 - 18 所示。

分析图 4 - 16 可知，驱动端轴承水平方向包络频谱（500Hz～10kHz）的 gE 总值很高，为 29.57gE；出现明显的调制现象，调制频率为 24.67Hz，载波频率为 132.8Hz 及其谐波。

分析图 4 - 17 可知，驱动端轴承水平方向速度谱的振动总值很高，为 13.58mm/s；并出现明显的调制现象，调制频率为 26.15Hz，载波频率为 140Hz 及其谐波。

分析图 4 - 18 可知，驱动端轴承水平方向时域图冲击现象明显，冲击幅值很高，冲击频率为 140Hz。

（3）通过上述现象，得出分析结论：发电机驱动端承垂直、水平测点均出现相同的故障现象。

1）加速度包络频谱可以看到发电机转频的冲击分量，在轴承内圈故障频率及谐波附近存在发电机转频的边频，此特征与轴承内圈剥落或裂痕故障相吻合，且 gE 总值明显很高。

2）速度谱中也出现加速度包络谱中相同的故障特征，且振动幅值很高，说明此轴承故障已经比较严重。

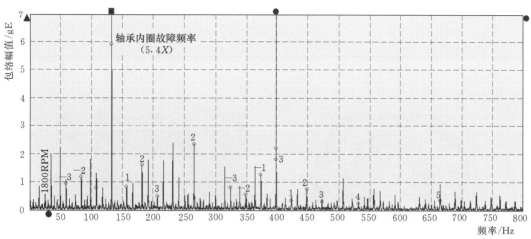

图 4-16　驱动端轴承水平方向频谱图

注：蓝色为倍频，红色为边频。

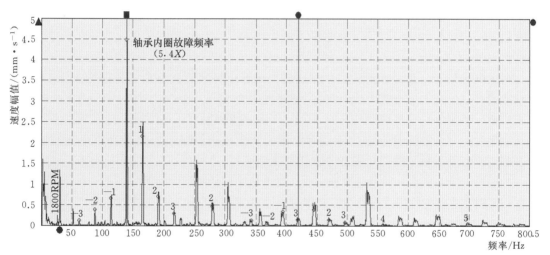

图 4-17　驱动端轴承水平方向速度频谱图

注：蓝色为倍频，红色为边频。

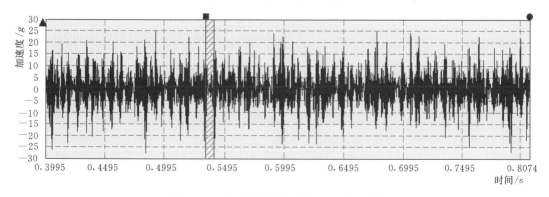

图 4-18　驱动端轴承水平方向时域图分析

3）时域图的冲击幅值很高，是正常情况下的 5～6 倍，说明故障已经发展到后期。

因此认为发电机可能存在下列故障：发电机驱动端轴承内圈严重剥落或裂痕。

等级：报警。

经过检修人员登塔检查，发现驱动端轴承内圈剥落，一共 6 处，符合振动监测诊断结论，具体现象如图 4－19、图 4－20 所示。

图 4－19　故障轴承　　　　　图 4－20　故障轴承内圈剥落

通过振动监测，风电场检修人员及时更换驱动端故障轴承，防止机械部分进一步损坏和发生转子扫镗的事故，降低了故障损失。

2. 轴承外圈故障

某风电场位于内蒙古自治区，草原地貌，地形较平缓。机组单机容量为 1.5MW，采用双馈式、三叶片、电变桨运行方式；塔筒高度为 65m，分为上、中、下三节，属柔性筒式塔架。该风电场风资源属于 IECⅡ类，年平均风速 6.5m/s。已运行 2 年，振动检测前无故障发生，设备运行平稳。通过对双馈异步发电机非驱动端轴承，使用振动监测方法，判定出潜在的轴承故障，防止了故障扩大。

经现场人员在机组并网运行时登塔收集发电机的振动数据，将测得的振动数据上传至分析中心使用专业分析软件进行时域、频域分析，发现了发电机非驱动端轴承外圈故障特征。

对非驱动端垂直方向、水平方向进行振动监测，按照《德国风力发电机组及组件振动测量与评价标准》（VDI 3834）中相关算法计算提取的振动量特征值见表 4－5。表中绿色表示特征值数值处于正常范围；黄色表示特征值已偏离正常范围，提示系统需注意；红色表示系统已发生了故障。

表 4－5　提取的振动量特征值

发电机 _ 非驱动端 _ 垂直	发电机加速度	m/s²	15.54
	发电机速度	mm/s	4.32
发电机 _ 非驱动端 _ 水平	发电机加速度	m/s²	24.9
	发电机速度	mm/s	4.61

图 4－21 给出了垂直方向加速度频谱，图 4－22 给出了水平方向速度频谱。通过分析图 4－21、图 4－22 可知，发电机非驱动端轴承出现严重损伤，已经发展到后期，需要立即更换此轴承。现场检修人员登机检查发现非驱动端轴承故障，如图 4－23、图 4－24 所示，得出结果与振动监测报告一致，更换新轴承后发电机正常运行，避免了发电机出现更严重故障而造成的损失。

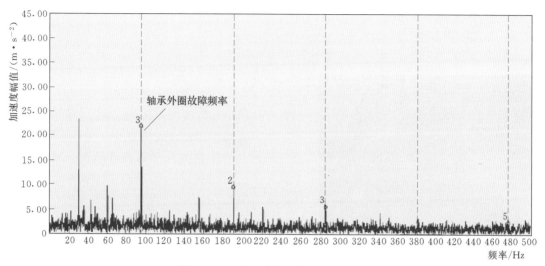

图 4 - 21　非驱动端垂直加速度频谱

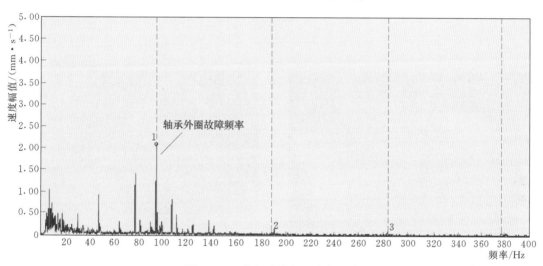

图 4 - 22　非驱动端水平速度频谱

图 4 - 23　非驱动端轴承外圈故障

图 4 - 24　非驱动端轴承座严重磨损

4.4.1.2　转子机械故障

1. 转子轴颈磨损

某风电场位于黑龙江省，属山地林区，地形起伏。机组单机容量 1.5MW，采用双馈

式、三叶片、电变桨运行方式；塔筒高度 65m，分为上、中、下三节，属柔性筒式塔架。风电场风资源属于 IECⅢ类，年平均风速 5.3m/s，已运行 2 年，振动检测前无故障发生，设备运行平稳。由于轴承润滑不良且未进行振动监测，发生了发电机转子过电流保护，轴承高温卡死的故障；该故障导致轴颈与轴承内圈轴瓦剧烈摩擦，转子轴颈损坏，轴颈变色磨损，故障发生后发电机转子无法正常旋转；由于转轴磨损，且无法判断定转子之间摩擦程度，发电机整体拆卸进行返厂维修。

图 4 - 25　转子轴颈损伤变色

经过电机厂对发电机专业解体发现，转子轴颈损伤变色如图 4 - 25 所示，发电机定转子分离后，经过目测发现发电机定转子没有扫镗损坏现象。拆卸后的发电机定转子如图 4 - 26 所示，经电气绝缘测试正常。

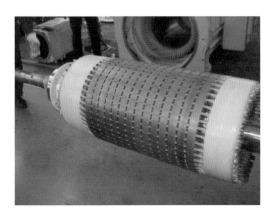

图 4 - 26　定转子机械检查

电机厂将转轴拆卸后经过转轴激光堆焊，铣床、磨床等工艺，并将发电机转轴更换新轴承后修复完成，通过出厂试验后，返回风电场使用。

2. 转子扫镗故障

某风电场位于河北省，属草原区域，地形较平缓。机组单机容量 1.5MW，采用双馈式、三叶片、电变桨运行方式；塔筒高度 65m，分为上、中、下三节，属柔性筒式塔架。风电场风资源属于 IECⅡ类，年平均风速 7.2m/s，机组已经运行 5 年。由于轴承润滑不良且未按时进行振动监测发生轴承故障，造成电机定转子扫镗故障。该故障现象为报绕组高温，损坏了绕组的电气绝缘，转子变频器过流保护，使发电机不能正常运行，电机定子线圈绝缘和槽楔部分损坏。经测试与检查发现：转子绕组局部击穿，转子驱动端转轴损坏，如图 4 - 27～图 4 - 30 所示。

图 4-27 定子槽楔部分损坏

图 4-28 定子扫镗故障部位

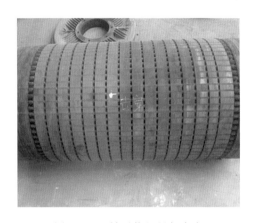

图 4-29 转子绕组局部击穿

图 4-30 转子驱动端转轴损坏

具体处理过程为：①电机定子、转子绕组清洗、烘干。清洗烘干之后更换定子全部槽楔，对电机做对地耐压试验和匝件试验，合格后电机定子真空压力浸漆 2 次；②对电机转轴进行探伤、修理或更换，更换传动端非驱动端轴承，修理或更换转子滑环、刷握，更换电刷；转子做动平衡试验；③对电机定子、转子绕组做耐压试验和匝件试验；电机各项试验合格后，对电机进行组装；收尾交验对轴承温度传感器、加热器、热电阻等元件进行测试，更换不合格元件，电机组装完成后，进行出厂试验；喷外表面漆后返回风电场使用。

4.4.1.3 其他机械故障

1. 发电机内部散热风扇脱落

某风电场位于辽宁省，属丘陵区域，地形较平缓。机组单机容量 850kW，采用双馈式发电机组、三叶片、电变桨运行方式；塔筒高度 65m，分为上、中、下三节，属柔性筒式塔架。该风电场风资源属于 IEC Ⅲ 类，年平均风速 5m/s，机组已运行 5 年。风力发电机组由于内部冷却风扇扇叶焊接工艺不良，同时轴承润滑油加注不到位，造成轴承损坏、发电机轴承高温，振动监测超标，导致内部冷却风扇扇叶高速运转下脱落击伤绕组。故障现场图如图 4-31～图 4-34 所示。

图 4 - 31　发电机内部散热风扇

图 4 - 32　扇叶高速摔出击伤绕组

图 4 - 33　轴承润滑油加注不到位

图 4 - 34　轴承及转轴高温变色

2. 发电机轴承轴电流腐蚀

由于定子与转子气隙不均匀，轴中心与磁场中心不一致等原因，发电机的转轴不可避免地要在一个不完全对称的磁场中旋转；因而在轴两端就会产生一个交流电压。如果在转轴两端同时接地就可能产生轴电流。轴电流流过轴承，使间隙中的油膜不断遭到电弧的放电侵蚀，而使油不断碳化，同时造成轴承的滚道上形成像搓衣板状的腐蚀痕迹，从而严重影响轴承的寿命。正常情况下要求机组转动部分对地绝缘电阻大于 0.5MΩ，以抑制轴电流。

某风电场位于吉林省，属平原地区。机组单机容量 850kW，采用双馈式发电机、三叶片、电变桨运行方式；塔筒高度 65m，分为上、中、下三节，属柔性筒式塔架。该风电场风资源属于 IECⅢ类，年平均风速 5.3m/s，机组已连续运行 3 年。通过发电机振动监测发现数据超标，更换轴承时发现电腐蚀现象，现场图如图 4 - 35、图 4 - 36 所示。

4.4.2　发电机电气故障

绕组绝缘故障是导致风力发电机组中发电机长时间故障停机的主要电气故障。绕组故

图4-35 轴承滚道上搓衣板电腐蚀痕迹　　图4-36 轴承润滑油碳化

障经常导致发电机整体拆卸进行大修，不但工程量较大，而且耗费工时和大量资金。根据相关统计，运行5年以内的风力发电机组，绕组电气故障平均概率在3%以上，略高于机械故障，这是由于发电机传动部件故障引发定转子摩擦扫镗造成绝缘材料高温老化和机械损伤，最终导致绕组绝缘损坏。随着运行年限的增加，发电机绕组绝缘也会不断老化，最终导致严重的匝间短路，造成电气故障。此外，散热不良、生产工艺及质量控制不严也是发电机电气绕组绝缘损坏的重要因素。

4.4.2.1 双馈异步电机定转子绝缘故障

1. 使用直阻法测量法分析发电机电气故障

某风电场位于黑龙江省，属山地区域，地形较高。机组单机容量850kW，采用双馈式、三叶片、电变桨运行方式；塔筒高度为65m，分为上、中、下三节，属柔性筒式塔架。该风电场风资源属于IEC I类，年平均风速7.7m/s，已运行6年。风力发电机组发电机采用ABB 850kW双馈异步发电机，发生电气故障。发电机主要技术参数见表4-6。

表4-6　ABB 850kW双馈异步发电机参数

项　目	参　数	项　目	参　数
发电机类型	双馈异步发电机	功率因数	$\cos\varphi=1$
制造商及型号	ABB M2CG 400JB 4 B3	保护等级	IP54
绕组连接	星形连接（转子）	冷却系统	外部风扇表面冷却
额定电压/V	690	绝缘等级	F/H（定子/转子）
额定频率/Hz	50	极数	4

发电机故障时风力发电机组报故障"335：Ext. high cur. rotor inv. L2"（转子逆变侧L2相电流高）后紧急停机，运行人员采取现场断电复位的方法，故障仍无法排除，现场人员根据制造厂家提供的技术手册进行检修。技术手册中335号故障描述见表4-7。

表 4 - 7　335 号 故 障 描 述

故障代码	故障描述	信号检测点及逻辑判断	风机状态	复位权限	复位规定	故 障 原 因
335	转子侧转换电路电流高	A524，A525，A526电流超过部件给定的极限	停止	短时间自动重启	可以复位1～2 次	参数 HighRotorInvPx 设置不正确
						滑环绝缘损坏
						硬件检测部件 CT294/CT318
						发电机的定子绕组损坏

检修人员在登机测试时通过控制屏维护菜单子菜单中观察到风力发电机组在发电机转速达到 1450r/min 后，直流母线能够完成预充电且整流侧三相电流平衡，但逆变侧出现三相电流严重不平衡，其中 L_2 相电流在 L_1 相、L_3 相达到 130A 时仅为 60A 左右。由于转子逆变侧电流不平衡导致发电机不能并网并报故障急停，在此过程中发电机内部转子在转动过程中有异常声音。在排除控制系统、滑环部件、检测部件故障的可能性后，对发电机绕组进行绝缘测试。

（1）测量发电机定子绕组相间、相对地绝缘及转子绕组相对地绝缘。

1）使用工具：500V 绝缘摇表。

2）测量数值：均不小于 100MΩ。

（2）测量定子、转子直流电阻，现场测量图如图 4 - 37 所示。

1）使用工具：QJ44 型直流电桥。

图 4 - 37　现场具体测量图示

2）测量数值。

a. 定子直流阻值：① $W_1 - W_2$：0.00676Ω；② $V_1 - V_2$：0.006759Ω；③ $U_1 - U_2$：0.006758Ω。

结论：三相平衡。

b. 转子直流阻值：① $K_1 - K_2$：0.00541Ω；② $M_1 - M_2$：0.00482Ω；③ $L_1 - L_2$：0.00741Ω。

3）转子数据分析。

a. 数据分析：转子出线等效简图如图 4-38 所示。

测试直阻时可以根据 GB 1032 中第 5.2.3 部分的要求进行测试，具体测试方法可以根据电机绕组形式或接线方法灵活确定。

设：K_1 相阻值为 X_1、K_2 相阻值为 X_2、L_1 相阻值为 X_3、L_2 相阻值为 X_4、M_1 相阻值为 X_5、M_2 相阻值为 X_6，由实验数据统计可得出：

K 相：$X_1 + X_2 = 0.00541$

L 相：$X_3 + X_4 = 0.00741$

M 相：$X_5 + X_6 = 0.00482$

计算结果单位：Ω。

从以上数据可以计算出三相绕组的平均值 $X_{AV} = 0.00588$Ω，由各相直阻减去平均值后，除以三相绕组平均值得出偏差百分比：K 相为 7.9%；L 相为 26%；M 相为 18%。

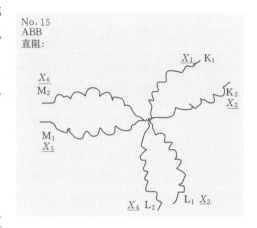

图 4-38 转子出线等效简图

b. 结论：由上数据分析可以看出转子三相出现严重的直阻不平衡（大于 10%）。由于电机设计的问题，三相绕组不平衡度标准存在差异，各生产厂出厂时的直阻偏差标准在 2%～10% 之间，无统一要求，但 10% 以上的偏差将导致发电机在运行中出现严重的电压、电流不平衡故障。从计算结果可以看出，L 相匝间可能存在接触不良现象，即存在发电机转子绕组中性点脱焊或者匝间短路情况。发电机匝间接触不良造成的磁场不平衡会引起发电机运行中噪声较大且温升很快的现象，这与现场观察到的情况一致。

c. 返厂拆解验证：由于确定绕组故障，发电机被整体拆卸返厂维修，在电机厂拆解过程中，发现定子完好，转子有明显的绝缘击穿故障，如图 4-39、图 4-40 所示，验证了之前的分析判断。

图 4-39 转子拆卸后明显的绝缘击穿故障

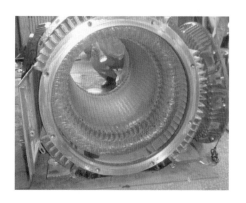
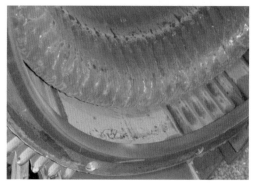

图 4-40　定子拆卸后无明显的绝缘击穿故障

2. 使用倍频、相角测试法判定发电机电气绝缘故障

电机故障检测系统采用发电机的静态电路分析（MCA）测试技术，该系统包括手持式的检测仪，数据管理软件 Trend 2000 并配专家诊断系统软件 EMCAT 及笔记本电脑，如图 4-41 所示。

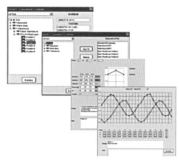

图 4-41　电机故障检测系统

利用停电状态下电机的电磁特性和高频电流进行相位测试，从而发现电机电路中存在的缺陷已是成熟的技术，通过将电机看成一个包含电阻、电感和电容的复杂电路进行分析，这是 MCA 技术的基本原理。

电机绕组通入交流信号，通过频率加倍，得出电流的减小量（I/F），借此评判绕组电路的电磁特性。完好的绕组接近于理想电感，频率加倍后，电流减少约 50%。匝间短路发生发展的过程，即是电感失效、电磁特性变化的过程，也就是 I/F 从 -50% 向 0 发展的过程。真实绕组的这一参数是匝间短路最有效的判据。通过对交流电机三相 I/F 值的比较，很容易发现早期微小的匝间短路。例如，三相测试结果分别为 -48%、-48%、-47%，说明最后一相有较轻微的匝间短路；而 -48%、-47%、-43% 的结果则意味着相间可能发生严重的短路。

相角和 I/F 值是指示绕组短路（匝间、层间和相间）的基本标志。各相间相角读数差应在 1° 以内（例如，74°、75°、76° 为良好，74°、76°、76° 为坏），I/F 读数在 $-50\%\sim-15\%$ 范围内（频率加倍时电流缩减），相间差异为两度以内（例如，$-44°$、$-45°$、$-46°$ 好，$-44°$、$-47°$、$-47°$ 为坏）。不论哪一相读数超过 -50% 则说明有严重短路。

如果检测到的读数偏高但与正常值相差较少，则是有早期匝间故障。发电机绕组故障判定的推荐标准见表 4-2。

某风电场位处丘陵区域，地形较平缓。机组单机容量 850kW，采用双馈式、三叶片、电变桨运行方式；塔筒高度 65m，分为上、中、下三节，属柔性筒式塔架。该风电场风资源属于 IEC III 类，年平均风速 5m/s，机组已运行 5 年。机组发电机报定子过流故障，转子变频器电流故障，在排除变频器故障可能的情况下，使用手持式的检测仪 ALL-TEST-IV 进行现场检查，现场检测图如图 4-42 所示，定子测量结果如图 4-43 所示，转子测量结果如图 4-44 所示。

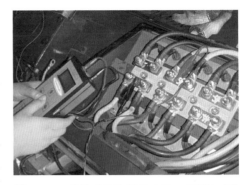

图 4-42 手持式的检测仪 ALL-TEST-IV 进行发电机测试和分析

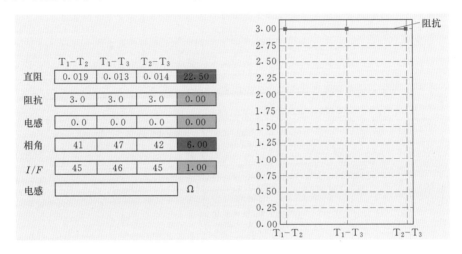

图 4-43 发电机定子测量结果

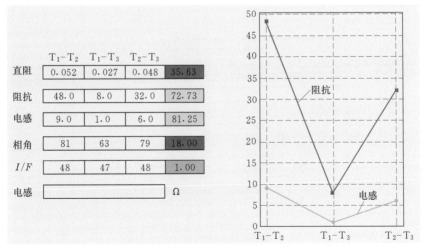

图 4-44 发电机转子测量结果

故障预判：通过数据显示，定子、转子相角值超出正常值范围，有明显的相间短路。

建议：返厂维修。

4.4.2.2　笼型异步发电机笼型转子故障

笼型转子电磁特性评估是检测笼型异步发电机转子故障的有效方法，将转子一周分成12 等份，每旋转 30°测量定子相间电感值，并绘制成三相曲线，观察测量结果，可以判定笼型转子的铸造缺陷及断条故障。正常情况下测试结果如图 4 - 45 所示。

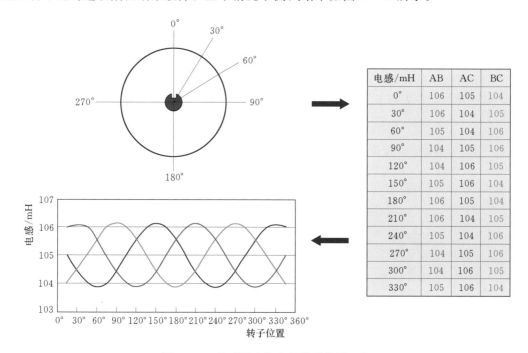

电感/mH	AB	AC	BC
0°	106	105	104
30°	106	104	105
60°	105	104	106
90°	104	105	106
120°	104	106	105
150°	105	106	104
180°	106	105	104
210°	106	104	105
240°	105	104	106
270°	104	105	106
300°	104	106	105
330°	105	106	104

图 4 - 45　笼型异步发电机转子检测正常

当存在铸造缺陷时，两种不同电机三相曲线如图 4 - 46、图 4 - 47 所示。图 4 - 46 所示电机畸变发生在侧边（上升或下降段），导致少量 2 倍频振动；图 4 - 47 所示电机畸变发生在波峰或波谷时（出现扁平带），电机输出降低。

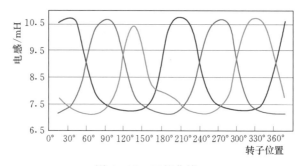

图 4 - 46　三相曲线一

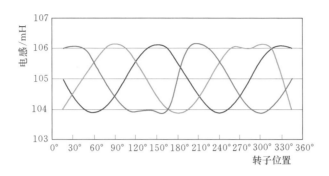

图 4-47 三相曲线二

当存在转子断条时，三相曲线如图 4-48 所示，转子断条现场如图 4-49 所示。

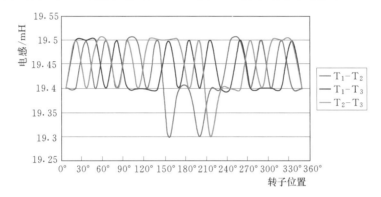

图 4-48 笼型转子断条案例

4.4.2.3 永磁同步发电机定子绕组绝缘故障

1. 永磁直驱发电机定子内部存在异响

某风电场位于海南省，属沿海区域，地形平缓。机组单机容量 1500kW，采用永磁直驱、三叶片、电变桨运行方式；塔架高度 65m，分为上、中、下三节，属柔性筒式塔架。该风电场风资源属于 IECⅢ类，年平均风速 5m/s，机组已运行 3 年。永磁直驱机组发电机定子内部出现异响，对电气参数检测结果现场进行检测，情况如下：

（1）直流电阻（实测现场环境温度 24.5℃）。

技术要求：温度在 20℃ 时，相电阻的设计值为 18mΩ。

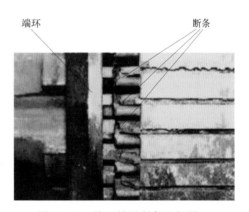

图 4-49 笼型转子断条现场图

实测结果：

$1U_1$：19.11mΩ，$1U_2$：19.18mΩ，$1U_3$：19.09mΩ，均值为 19.12mΩ。

$1V_1$：19.08mΩ，$1V_2$：19.15mΩ，$1V_3$：19.11mΩ，均值为 19.11mΩ。

$1W_1$：19.11mΩ，$1W_2$：19.12mΩ，$1W_3$：19.07mΩ，均值为 19.10mΩ。

$2U_1$：19.15mΩ，$2U_2$：19.11mΩ，$2U_3$：19.16mΩ，均值为 19.14mΩ。

$2V_1$：19.08mΩ，$2V_2$：19.12mΩ，$2V_3$：19.11mΩ，均值为 19.10mΩ。

$2W_1$：19.13mΩ，$2W_2$：19.08mΩ，$2W_3$：19.07mΩ，均值为 19.09mΩ。

检测结论：正常。

（2）三相不平衡量最大值。

技术要求：绕组一、绕组二的三相不平衡量应不大于 2％。

实际结果：绕组一：0.68％；绕组二：0.63％。

检测结论：正常。

（3）每组绕组电容值（中性线对地值）。

技术要求：不小于 0.56μF。

实测结果：N_1 -地：0.914μF；N_2 -地：0.9μF。

检测结论：正常。

（4）绕组对地绝缘电阻。

技术要求：测量时间 60s 时的绕组对地及相间对地绝缘电阻不小于 500MΩ，吸收比大于 1.6。

实测环境：温度为 24.3℃，湿度为 67％，测量仪器为 1000V 摇表。

实测结果：①N_1：测量时间 15s 时的对地绝缘电阻 R_{15} 为 212MΩ，测量时间为 60s 时的对地绝缘电阻 R_{60} 为 578MΩ；②N_2：测量时间 15s 时的对地绝缘电阻 R_{15} 为 197MΩ，测量时间为 60s 时的对地绝缘电阻 R_{60} 为 556MΩ。

吸收比实测为：吸收比 R_{60}/R_{15} 为 2.0。

检测结论：正常。

（5）PT100 温度传感器电阻值。

技术要求：PT100 对地绝缘电阻不小于 100MΩ。

实测结果：$9^{\#}$ 为 110.2MΩ（其余多个传感器测量值省略）。

检测结论：正常。

（6）通过对上述情况分析，预判电气无异常。

（7）现场检查。将发电机拆解后发现，无电气故障，与预判一致，异响原因为定子端环上存在异物，如图 4-50 所示。

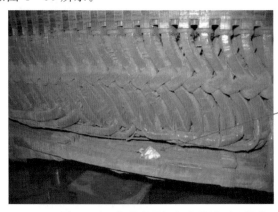

图 4-50　永磁直驱机组定子端环上异物

2. 永磁直驱发电机定子绕组击穿

某风电场位于黑龙江省，属丘陵区域，地形较平缓。机组容量 1500kW，采用永磁直驱、三叶片、电变桨运行方式；塔架高度 65m，分为上、中、下三节，属柔性筒式塔架。该风电场风资源属于 IECⅢ类，年平均风速 5.9m/s，已运行 2 年。直驱型发电机组报出变流器急停故障，但中控室可以远程复位。现场维护人员到达故障机组后重新刷新变流程序，启动机组，因当日风速较小机组无法并网（待机状态下机组无故障），1 天后机组重复报该故障（变流故障面板 3U1 侧报 31 IGBT Temp 故障，子代码为 U 项），现场人员在检查完开关柜接线及电缆后未发现异常，之后重点放在了变流模块上，当日更换新控制板和驱动板后启动机组等待，当天白天无风，机组处于待机状态，无法判断故障点。

一天后机组仍然报出该故障，现场人员更换 3U1 模块，因现场被积雪覆盖，现场环境湿度较大。为保障模块安全，未及时启动机组，待加热一夜后于次日在确定变流柜内无水蒸气后启动风机，机组并网瞬间 3U1 报 31 IGBT Temp 故障，现场人员使用绝缘测试仪对发电机 N2 绕组进行绝缘测试后发现，该电机对地绕组绝缘电阻为 0.01MΩ，确认绝缘对地已经击穿，如图 4-51 所示。

图 4-51　定子槽口烧损部位

将发电机拆卸返厂维修，发现该定子铁芯表面较干净，表面防护层完好，无脱落现象，定子烧损区域距离非并头端铁芯槽口约 150mm，烧损区域表面无刮痕，涂层胶碳化起泡，再次进行绝缘电阻测量，绕组对地绝缘为零。

第5章 变桨系统故障诊断技术

在风力发电系统中，变桨控制系统是风力发电机组控制系统的重要组成部分，对机组安全、稳定、高效地运行有着十分重要的作用。它是一种风力发电机桨叶调节装置，借助控制技术和动力系统，通过叶片和轮毂之间的轴承机构转动叶片的桨距角来改变叶片翼型的升力，从而改变叶片的气动特性，使桨叶和整机的受力状况大为改善。了解风力发电机组变桨系统实际运行中的常见故障，对提高风力发电机组的设计、制造水平，改进制造及安装工艺，在实际运行中采取针对性的整改措施，提高风力发电机组可利用率具有非常重要的意义。

5.1 变桨系统的结构和原理

5.1.1 变桨系统的分类和任务

风力发电机组变桨系统是通过改变桨距角实现功率变化来进行调节的。根据驱动动力，变桨系统可分为液压变桨和电动变桨两种。液压变桨系统以液体压力驱动执行机构实现变桨控制；而电动变桨系统以伺服电机驱动齿轮实现变桨调节功能。液压变桨系统具有可靠性高、桨叶同调性能好、调节精度高、对大惯性负载的响应速度快、便于集中布置等优点；但其也具有控制环节多、比较复杂、成本高，存在渗油、维护成本高的缺点。国外如 VESTAS 采用液压控制技术，液压变桨由液压设备提供驱动。电动变桨机构不存漏油、卡塞等现象，结构简单、可靠，可充分利用有限的空间分散布置，更加灵活，易于控制，应用较为广泛，国外如 Enercon、Repower、Siemens、GE 等风力发电机组生产厂商均采用伺服电机驱动的电动变桨控制技术。

变桨系统通过改变大型风力发电机组轮毂上叶片的桨距角大小，从而改变叶片迎角，由此控制叶片的升力，以达到控制作用在风轮叶片上的扭矩和功率的目的。机组启动过程中，叶片桨距角从 90°快速调节到 0°，然后实现并网。风力发电机组正常运行时，变桨角度范围为 0°～90°。正常工作时，叶片桨距角在 0°附近，当高于额定风速进行功率控制时，桨距角调节范围约为 0°～25°，调节速度一般为 1°/s 左右，随着桨距角的开大，减小了翼型的升力，达到减小作用在风轮叶片上的扭矩和功率的目的，维持机组发出的功率为额定功率。制动停机过程中，桨距角可由 0°迅速调整到 90°左右，即顺桨位置，一般要求调节速度较高，紧急停机时可达 15°/s 左右。采用变桨距调节的大型现代风力发电机组，启动性好，刹车机构简单，叶片顺桨后风轮转速可以逐渐下降；额定点之前的功率输出饱满；

额定点之后的输出功率平滑；风轮叶根承受的动、静载荷小。变桨系统作为基本制动系统，可以在额定功率范围内对风力发电机组转速进行控制。

变桨系统有四个主要任务，具体如下：

（1）使风力发电机组具有更好的启动性能和制动性能。机组启动和停机过程中，通过合理变桨调整桨距角，避开共振转速，使动、静载荷冲击最小化。变桨距风力发电机组在低风速启动时，叶片桨距角可以转动到合适的角度，改变风轮的启动力矩，从而使变桨距风力发电机组比定桨距机组更容易启动。当风力发电机组需要脱离电网时，变桨距系统先转动叶片桨距角使之减小功率，在发电机与电网断开之前，功率减小到 0，也就是当发电机与电网脱开时，没有转矩作用到机组，避免了定桨距风力发电机组脱网时所经历的突甩负载的过程。

（2）额定风速以上，通过调整桨距角把风力发电机组转速控制在规定的额定转速附近，使发电机的功率稳定输出。当风速超过额定风速后，机组进入保持额定功率状态。通过变桨距机构动作，增大桨距角，减小风能利用系数，从而减少风轮捕获的风能，使发电机的输出功率维持在额定值。

（3）当安全链被打开时，变桨机构作为空气动力制动装置把叶片转回到停机位置。

（4）变桨距技术使桨叶和整机的受力状况大为改善，通过衰减风轮交互作用引起的振动使风力发电机组上的机械载荷极小化。

5.1.2 变桨系统的结构

本节以电动变桨距系统为例介绍变桨系统。现代大型风力发电机组一般都采用三叶片，分别装有独立的电动变桨距系统。图 5-1 为轮毂中的变桨系统结构示意图。

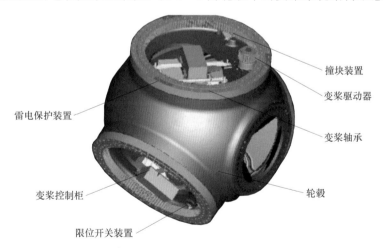

图 5-1 变桨系统结构示意图

三叶片独立变桨的电动变桨距系统一般由三套相同系统组成，包括变桨距伺服电动机、伺服驱动器、减速器、叶片变桨距轴承、独立的轴控制箱和一套轮毂主控系统、蓄电池、传感器部分等。其中传感器部分包括桨叶角位置传感器（叶片编码器和电机编码器）和 2 个限位开关。伺服电动机连接减速器，通过主动齿轮与变桨距轴承内齿圈相啮合，带动桨叶进行转动，实现对叶片桨距角的控制。图 5-2 为电动变桨距机械传动示意图。

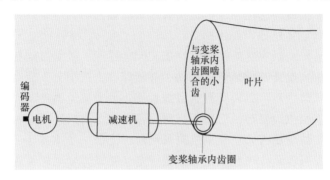

图 5-2　电动变桨距机械传动示意图

　　图 5-3 为安装在轮毂中的变桨执行装置典型结构图。叶片安装在变桨轴承的内齿圈上，变桨轴承的外环则固定在轮毂上。当电驱动变桨距系统上电后，伺服电机带动减速器的输出小齿轮旋转，而小齿轮又与变桨轴承的内齿圈啮合，从而带动变桨轴承的内齿圈与叶片旋转，实现改变叶片桨距角。因此，只要通过控制伺服驱动器驱动伺服电动机，就可实现叶片桨距角的精确定位。

图 5-3　安装在轮毂中的变桨执行装置典型结构图

　　变桨驱动装置由变桨电机和变桨齿轮箱（也称为减速器及输出轴与变桨轴承的大齿轮啮合的小齿轮）两部分组成，如图5-4所示。变桨驱动装置通过螺柱与轮毂配合连接。变桨齿轮箱前的小齿轮与变桨轴承内圈啮合，并要保证啮合间隙在规定的范围内。

图 5-4　风力发电机组变桨驱动装置

　　变桨的控制系统由 1 个主控柜、3 个轴柜和 3 个蓄电池柜组成。它们控制变桨驱动装置实现风力发电机组启动和运行时的桨距调节，而且在事故情况下实现保护作用，完成叶片顺桨操作，同时承担着雷电保护控制和电池管理等功能。变桨主控制柜与机舱控制柜进行信号通信，根据风况及机组运行状态，计算桨距角给定值，产生3个叶片的桨距角指令，然后将指令分别发送到3个轴控柜，3个轴控柜通过伺服驱动器驱动变桨电机转动，将叶片转动到指定角度，并通过冗余编码器进行检查。当发生意外情况时，限位开关可以防止飞车事故发生。

机组在正常运行条件下，变桨系统采用风力发电系统提供的外部交流电源供电，在电网断电、变桨系统供电单元故障或风机安全链故障时，蓄电池组提供备用电源供电给变桨电机进行紧急顺桨。图5-5示出了一个铅酸蓄电池柜。每个蓄电池柜中有3组共18块电池，总电压约为216V，其中一组电池6块，每节蓄电池12V。同时，变桨中央控制柜负责对后备电池的充电管理及温度监测。其中伺服驱动器是变桨控制系统中重要元器件，它的主要功能

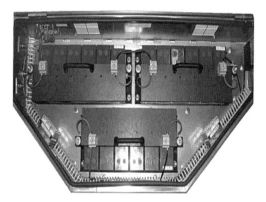

图5-5 变桨电池柜

包括采集编码器值、温度等信号传给变桨主控柜，同时接受变桨主控柜的变桨命令，根据变桨目标及速度给定值实现系统的位置控制、速度控制和转矩控制，驱动变桨电机进行变桨。

使用叶片编码器采集风轮的转速，图5-6示出了编码器的外观。图5-7为限位开关，限位开关安装在变桨轴承的内环上，位于桨距角90°和91°位置，对应顺桨位置的冗余限位保护。在顺桨过程中，桨叶达到顺桨位置，撞块会触及限位开关，将切断电动机电压。

图5-6 编码器

图5-7 限位开关

5.2 变桨系统故障诊断方法

5.2.1 变桨系统常见的故障类型

变桨系统是风力发电机组的主要组成部分，由于一些人为或天气的原因，可能会出现

故障。变桨系统的典型故障主要有：轴承故障、润滑脂不适量、系统振动过大等导致的驱动电机过热；润滑不良、轴承安装不当、部件损伤等导致的变桨齿轮箱轮齿磨损、齿轮轴承失效、断轴、过热等；轴承安装不当、疲劳失效等导致的变桨轴承失效；编码器损坏或连接编码器的电缆损坏导致的编码器工作异常；连接螺栓松动、连接电缆损坏或异物侵入导致的限位开关磨损；油位计管路连接头松动或密封件损坏导致的润滑油渗漏；变桨控制系统的故障主要包括通信电缆故障、控制系统软硬件故障、内部电路故障、电路谐波过大、电池漏放电等。变桨通信故障的主要原因是：从机舱柜到滑环，由滑环进入轮毂回路出现干扰、断线、滑环接触不良、通信模块损坏等。

有文献针对某风电场的统计数据，总结得出风力发电机组变桨系统常见故障有：

（1）变频器（或变桨驱动器）故障。主要包括变频器通信中断（端子松动，接线接触不良）、变频器内 IGBT 损坏、控制板件损坏、变频器动力回路接线绝缘破坏导致的损坏、导线插头虚焊等。

（2）备用电源系统蓄电池故障。蓄电池故障是变桨系统故障率最高的，特别是风力发电机组运行 2 年后，部分蓄电池老化导致的故障特别多。

（3）变桨电机故障。变桨电机损坏部分是本身质量原因，如线圈断线、直流电机碳刷磨损等，但更多的原因是由于变频器损坏、蓄电池电压低、限位开关不到位或不返回、编码器故障等故障导致的电机过载损坏。

（4）角度编码器故障。大部分的故障均为螺丝松动、数据线接触不良。

（5）滑环故障。当通过滑环连接轮毂和机舱的电源线和通信线回路数很多时，容易故障率较高。由于滑环脏污导致故障频发，并且导致相关的变频器通信故障、蓄电池故障及变频器损坏等系列故障，还有部分由于滑环触针跳出导致短路烧坏滑环。

（6）变桨限位开关故障。风力发电机组限位开关接线回路松动、导线折断故障限位开关不返回、安装位置不精准的故障。此类故障也极易造成后续故障如变桨电机损坏和变频器（变桨驱动器）等的损坏。

5.2.2　变桨系统的故障诊断方法

变桨系统中涉及多个部件，不同部件的结构和工作原理不同，其故障的诊断方法也不同。如变桨轴承、减速器（变桨齿轮箱）可应用本书第 3 章齿轮箱的故障诊断技术中所述的方法进行故障诊断，变桨电机的相关故障可应用本书第 4 章发电机故障诊断技术中所述的故障诊断方法进行其故障识别，本节不再赘述。此处主要从智能模型故障诊断方法角度介绍文献中目前关于该系统所开展的一些故障诊断研究工作。

5.2.2.1　基于故障模式及影响分析的变桨系统故障诊断方法

故障模式及影响分析法（Failure Mode and Effect Analysis，FMEA）是一种面向系统具体物理单元的分析方法，即采用自下而上的故障模式分析，从系统构成元件或部件的基本故障模式入手，找出系统潜在的故障原因，分析故障原因对系统造成的影响，并采取措施减少和预防故障对系统造成的影响。

FMEA 首先找出系统中各子系统及元件可能发生的故障及其类型，查明各种类型故障对邻近子系统或元件的影响及最终对系统的影响，并提出消除或控制这些影响的措施。

FMEA 本质上是一种检查故障所有可能发生方式的系统方法，并针对每一个故障，评估其对整个系统产生的影响，同时评估其严重度、发生度和检测度，进而确定需要采取的措施。

FMEA 包括故障模式分析、故障原因分析、故障影响分析、故障检测方法分析与补偿措施分析等步骤。故障模式分析是找出系统中每一产品（或功能、生产要素、工艺流程、生产设备等）所有可能出现的故障模式；故障原因分析是找出每一个故障模式产生的原因；故障影响分析是找出系统中每一产品（或功能、生产要素、工艺流程、生产设备等）每一种可能的故障模式所产生的影响，并按这些影响的严重程度进行分类；故障检测方法分析是分析每一种故障模式是否存在特定的发现该故障模式的检测方法，从而为系统的故障检测与隔离设计提供依据；补偿措施分析是针对故障影响严重的故障模式，提出设计改进和使用补偿的措施。

有研究人员采用 FMEA 进行了风力发电机组电气变桨系统的故障模式及影响分析，详见表 5-1。

故障的严重度等级按 5 个级别定义，具体如下：

（1）A 级（经常发生）：产品工作期间内某一故障模式的发生概率大于产品在该期间内故障概率的 20%。

（2）B 级（有时发生）：产品工作期间内某一故障模式的发生概率大于产品在该期间内故障概率的 10%，但小于 20%。

（3）C 级（偶然发生）：产品工作期间内某一故障模式发生的概率大于产品在该期间内故障概率的 1%，但小于 10%。

（4）D 级（很少发生）：产品工作期间内某一故障模式发生的概率大于产品在该期间内故障概率的 0.1%，但小于 1%。

（5）E 级（极少发生）：产品工作期间内某一故障模式的发生概率小于产品在该期间内故障概率的 0.1%。

此外，故障的严重度可以用以下四级评定：一级是灾难性的，可能造成人身伤亡或全系统损坏；二级是严重的，可能造成严重损害，使系统工作失效；三级是一般的，可能造成一般损害，使系统性能下降；四级是次要的，不致对系统造成损害，但可能需要计划外维修。

表 5-1　风力发电机组电气变桨系统的故障模式及影响分析表

关键部件	系统功能	故障模式	故障原因	概率等级	严重等级	故障影响			对策措施
						局部	上层	最终	
1 变桨伺服电机	提供变桨驱动动力	驱动电机过热	轴承故障	D 级	二级	变桨动力不足	变桨工作异常	影响变桨控制	检测轴承
			系统振动过大						系统减振
			润滑脂过多或不足						维持适量润滑脂
		驱动电机振动过大	偏航驱动耦合不好	D 级	三级				重新耦合
			旋转部分松动						检查螺栓连接
			轴承损坏						检测轴承
			转子平衡不好						重新校平衡

关键部件	系统功能	故障模式	故障原因	概率等级	严重等级	故障影响 局部	故障影响 上层	故障影响 最终	对策措施
2 变桨齿轮	减速并传递变桨驱动动力	磨损	润滑不良	D 级	二级	变桨齿轮损坏	风机振动加大	影响风机变桨	改善润滑条件
		轴承失效	轴承安装不当						按照规范调整
			润滑不良						充分保证润滑
		断轴	轴在制造中应力集中						规范设计
		过热	部件损伤						检查各部件
			冷却润滑不良						改善冷却润滑
3 变桨轴承	配合实现偏航支撑	轴承失效	轴承安装不当	D 级	二级	失效	偏航使用	影响变桨	规范安装调试
			润滑不良	C 级	三级				改善润滑条件
			疲劳失效	E 级	二级				改善散热系统
			温度传感器异常	D 级	四级				检查温度传感器
4 变桨控制系统	与主控通信并控制变桨	通信异常	通信电缆故障	B 级	二级	控制失灵	影响使用	影响变桨	检查变桨通信
			控制系统软硬件故障						检查系统软硬件
		器件烧坏	内部电路短路						更换相应电路板
			电路谐波过大						检测电路谐波
		电池故障	电池漏放电						检测备用电池
5 编码器	测量风机桨距角	编码器工作异常	变桨电机过热	B 级	三级	测量不准	载荷加大	影响变桨	检测冷却系统
			编码器损坏						检查更换编码器
			连接编码器电缆损坏						检查并更换电缆
6 限位开关	防止变桨超过范围	磨损损坏	连接螺栓松动	E 级	二级	磨损损坏	工作异常	影响解缆	定期检查螺栓
			异物侵入						加强密封清洁
			连接电缆损坏						检测更换电缆
			磨损						改善润滑条件
7 连接法兰	安装固定变桨装置	法兰结构偏差	连接螺栓松动	D 级	二级	部件损坏	变桨振动	影响变桨	定期检查螺栓
			安装角度偏差	D 级	三级				规范安装变桨法兰结构，定期检查变桨机械装置
8 润滑油	润滑冷却	渗漏	偏航齿轮箱油位计管路连接头松动或损坏	D 级	三级	润滑不良	齿轮磨损	影响变桨	检查并调整连接头，损坏更换
			密封件损坏						更换密封件

5.2.2.2　基于 BP 神经网络的变桨系统故障诊断方法

表 5-2 示出了某单机容量 2MW 的风力发电机组直流变桨系统主要组成部件。

表 5-2 直流变桨系统的主要组成部件

部 件 名 称	数 量
电控箱（中控箱、轴控箱）	1 套（4 个）
变桨电机（配有变桨系统主编码器：A 编码器）	3 套
备用电池	3 套
机械式限位开关	3 套（6 个）
限位开关支架及相关连接件	3 套
冗余编码器：B 编码器	3 套
冗余编码器支架、测量小齿轮及相关连接件	3 套
各部件间的连接电缆及电缆连接器	1 套

表 5-3 给出了机组 SCADA 系统监测及存储的变桨系统相关运行参数。

表 5-3 风电机组变桨系统相关运行参数

运行参数代码	运行参数意义	运行参数代码	运行参数意义
4301	发电机转速/(r·min^{-1})	3015	1$^{\#}$叶片散热器温度/℃
3502	风轮转速/(r·min^{-1})	3016	2$^{\#}$叶片散热器温度/℃
2001	有功功率/kW	3017	3$^{\#}$叶片散热器温度/℃
4703	环境温度/℃	3018	1$^{\#}$叶片 IGBT 温度/℃
3002	1$^{\#}$叶片变桨角度/(°)	3019	2$^{\#}$叶片 IGBT 温度/℃
3003	2$^{\#}$叶片变桨角度/(°)	3020	3$^{\#}$叶片 IGBT 温度/℃
3004	3$^{\#}$叶片变桨角度/(°)	3021	1$^{\#}$叶片电机温度/℃
3006	1$^{\#}$叶片冗余变桨角度/(°)	3022	2$^{\#}$叶片电机温度/℃
3007	2$^{\#}$叶片冗余变桨角度/(°)	3023	3$^{\#}$叶片电机温度/℃
3008	3$^{\#}$叶片冗余变桨角度/(°)	3024	轮毂温度/℃
3009	1$^{\#}$叶片变桨速度/[(°)·s^{-1}]	3025	1$^{\#}$叶片控制柜温度/℃
3010	2$^{\#}$叶片变桨速度/[(°)·s^{-1}]	3026	2$^{\#}$叶片控制柜温度/℃
3011	3$^{\#}$叶片变桨速度/[(°)·s^{-1}]	3027	3$^{\#}$叶片控制柜温度/℃
3012	1$^{\#}$叶片驱动电流/A	3028	1$^{\#}$叶片电池柜温度/℃
3013	2$^{\#}$叶片驱动电流/A	3029	2$^{\#}$叶片电池柜温度/℃
3014	3$^{\#}$叶片驱动电流/A	3030	3$^{\#}$叶片电池柜温度/℃

建立两个 BP 神经网络分类器 A 和 B，其中分类器 A 的输入为表 5-3 中所列举的与变桨系统运行状态相关的 32 个运行参数，结构为 32-65-2，即输入层为 32 个节点，隐层为 65 个节点，输出层为 2 个节点，分类器的输出为两个："正常"和"故障"。采用训练数据样本训练好网络后，测试数据使用风力发电机组 2010 年 4 月的变桨系统故障数据。机组在 4 月的故障情况见表 5-4。

表 5－4 机组 2010 年 4 月的故障情况（分类器 A）

故障类型	故障次数	故障类型	故障次数
紧急停机模式故障	13	变桨变频器直流母线过压故障	8
3 个主编码器角度值相差大于 2°	17	变桨变频器直流母线欠压故障	19
变桨目标变桨位置与实际变桨位置相差大于 0.1°	6	变桨变频器温度过高故障	2
变桨通用驱动故障	9	变桨主状态电压故障	21

从表 5－4 可以看出，风力发电机组在 4 月变桨系统发生的主要故障有 95 次，根据这些故障构造测试数据集。测试数据集包括故障发生前的正常运行数据和故障发生时的运行数据，共 200 个时刻点，其中 95 个故障状态，105 个正常状态。用训练好的分类器 A 对测试数据集进行分类，以检测率和误判率作为分类器的性能指标，结果见表 5－5。

表 5－5 基于 32 个运行输入参数的神经网络 A 的故障诊断结果

分类器	漏检的故障	个数	漏检的总个数	误检的总个数	漏检率	误判率
A	紧急停机故障	4	35	38	36.8%	36.2%
	变桨驱动故障	4				
	变桨变频器直流母线欠压故障	9				
	变桨变频器直流母线过压故障	3				
	变桨主状态电压故障	15				

注 漏检率 $=\dfrac{\text{故障的漏检个数}}{\text{测试数据总数}}\times 100\%$；误判率 $=\dfrac{\text{正常数据判为故障的个数}}{\text{测试数据总数}}\times 100\%$。

从表 5－5 可以看出，分类器 A 还是具有较高的漏检率和误判率。为了提高神经网络的故障诊断正确率，进一步采用数据挖掘 Relief 算法进行变桨系统故障特征参数选择，将网络 32 个输入运行参数优化为选取其中 10 个与故障相关度最高的参数，包括 1# 叶片桨距角、2# 叶片桨距角、3# 叶片桨距角、1# 叶片驱动电流、2# 叶片驱动电流、3# 叶片驱动电流、发电机转速、1# 叶片 IGBT 温度、2# 叶片 IGBT 温度、3# 叶片 IGBT 温度。利用变桨系统 10 个故障特征参数，重新构造神经网络分类器 B，该网络结构为 10－20－2，即输入为 10 个节点，隐层为 20 个节点，输出层为 2 个节点，分类器的输出为两个："正常"和"故障"。采用与分类器 A 相同的训练数据样本训练好网络分类器 B 后，测试数据使用风力发电机组 2010 年 4 月的变桨系统故障数据，其故障诊断结果见表 5－6。

表 5－6 机组 2010 年 4 月的故障情况（分类器 B）

分类器	漏检的故障	个数	漏检的总个数	误检的总个数	漏检率	误判率
B	紧急停机故障	1	3	13	3.2%	12.4%
	变桨变频器直流母线过压故障	1				
	变桨主状态电压故障	1				

对比表 5－5 和表 5－6 可以看出，分类器 A 对变桨驱动故障的漏检个数为 4，而分类器 B 对变桨驱动故障的漏检个数为 0；分类器 A 对变桨变频器直流母线欠压故障的漏检个数为 9，而分类器 B 对变桨变频器直流母线欠压故障的漏检率为 0。可知，分类器 B 具有

更高的故障诊断精度。以上分析表明，基于多参数的故障检测，不是利用运行参数越多故障检测率越高，这是因为输入的运行参数之间存在相关性，并且输入维数较高影响了神经网络分类器的性能。通过故障特征选择可以提高故障分类器的检测率。

5.2.2.3 基于支持向量机的变桨系统故障诊断方法

按照故障的发展进程可以将故障分为两类，即突发故障和渐进故障。突然发生的设备整体或某一部件的功能丧失引起系统损坏，称为突发故障，这类故障发生时间短且故障前无明显征兆，一般具有破坏性，因而难以进行预测。而某些部件在设备使用过程中由于老化、磨损、疲劳等导致性能逐渐下降，最终超出允许值而引发的故障，可定义为渐发性故障，这类故障占相当大的故障比重。

渐发性故障在故障发生前，系统相关参数会发生变化。因此对监测分析系统早期的状态运行参数，检测系统异常运行状态，可以避免故障的发生。

首先基于变桨系统的故障特征运行参数构建了变桨系统的观测向量，然后基于支持向量机回归理论建立了以风速为输入、观测向量为输出的回归模型，通过计算测量向量到观测向量的距离，根据设定阈值识别风力发电机组变桨系统异常状态。

根据变桨系统故障特征参数建立变桨系统观测向量 A：

$$A = \begin{bmatrix} a_1 & a_2 & a_3 & a_4 & a_5 & a_6 & a_7 & a_8 & a_9 & a_{10} \end{bmatrix}$$

式中　a_1——1$^\#$叶片桨距角；

　　　a_2——2$^\#$叶片桨距角；

　　　a_3——3$^\#$叶片桨距角；

　　　a_4——1$^\#$叶片驱动电流；

　　　a_5——2$^\#$叶片驱动电流；

　　　a_6——3$^\#$叶片驱动电流；

　　　a_7——发电机转速；

　　　a_8——1$^\#$叶片 IGBT 温度；

　　　a_9——2$^\#$叶片 IGBT 温度；

　　　a_{10}——3$^\#$叶片 IGBT 温度。

在从切入风速到切出风速范围内，将变桨系统处于不同运行状态下的正常运行数据作为支持向量基的训练样本。表 5-7 列出了部分时段的样本数据。

表 5-7　支持向量机回归模型的部分样本数据

回归模型输入风速 /(m·s^{-1})	1$^\#$叶片桨距角 /(°)	2$^\#$叶片桨距角 /(°)	3$^\#$叶片桨距角 /(°)	1$^\#$叶片驱动电流 /A	2$^\#$叶片驱动电流 /A	3$^\#$叶片驱动电流 /A	发电机转速 /(r·min^{-1})	1$^\#$叶片 IGBT 温度 /℃	2$^\#$叶片 IGBT 温度 /℃	3$^\#$叶片 IGBT 温度 /℃
11.55	0.65	0.65	0.65	14.4	14.2	13.6	1755.2	33.3	32.8	32.4
12.04	0.04	0.04	0.04	6.4	6.09	7.6	1766.8	33.4	32.8	32.3
12.30	1.64	1.64	1.64	5.6	5.5	2.2	1795.2	33.4	32.8	32.3
12.62	0.13	0.13	0.13	5	3.8	6.59	1756.9	33.5	32.9	32.3

回归模型输入风速 /(m·s⁻¹)	1#叶片桨距角 /(°)	2#叶片桨距角 /(°)	3#叶片桨距角 /(°)	1#叶片驱动电流 /A	2#叶片驱动电流 /A	3#叶片驱动电流 /A	发电机转速 /(r·min⁻¹)	1#叶片IGBT温度 /℃	2#叶片IGBT温度 /℃	3#叶片IGBT温度 /℃
12.18	0.04	0.04	0.04	10.4	10.3	8.4	1750.4	33.5	32.9	32.3
13.20	0.32	0.32	0.32	3.7	2.09	6.7	1811	33.5	32.8	32.3
12.76	0.35	0.34	0.35	2.2	0.7	4	1805.8	33.6	32.8	32.2
14.74	6.34	6.34	6.34	13.7	15.4	13.3	1711.7	33.6	32.8	32.2
13.46	1.19	1.19	1.19	8.7	10.2	8.6	1782.3	33.7	32.8	32.2
14.76	3.81	3.81	3.8	5.1	6.2	1	1796.8	33.7	32.9	32.2
12.01	0.04	0.04	0.04	10.2	9.7	9.5	1750.7	33.7	32.8	32.2
13.00	0.64	0.64	0.64	4.7	6	1.8	1774.3	33.8	32.8	32.2
13.55	1.46	1.46	1.46	13.1	13.6	11.4	1777.1	33.8	32.8	32.2
13.52	0.94	0.94	0.94	3.3	3.5	3.7	1798.5	33.8	32.8	32.2.
12.82	1.61	1.61	1.61	14.2	16	14.1	1772.8	33.8	32.8	32.2
15.75	6.58	6.58	6.58	14.2	14.4	15.6	1730	33.8	32.8	32.2
14.79	6.04	6.04	6.04	5.59	5	6.4	1807.8	33.9	32.8	32.2
14.24	5.64	5.64	5.64	6.4	7	5.3	1770.2	33.9	32.8	32.2
13.69	3.6	3.6	3.6	12.2	16.6	13.5	1777.8	33.9	32.9	32.2
13.29	0.04	0.04	0.04	9.3	10.5	9.2	1758	33.9	32.9	32.2
11.58	3.08	3.08	3.08	6.5	5.8	5.3	1787.2	33.9	32.9	32.3
13.58	1.44	1.44	1.44	6.1	4.6	6.2	1785.3	33.9	32.9	32.3
14.47	3.98	3.97	3.98	13.8	15.4	14.7	1762.2	33.9	32.8	32.4
14.24	2.62	2.62	2.62	3.90	4.8	5.4	1830.4	33.9	32.8	32.4
14.42	5.96	5.96	5.96	16.3	14.9	13.7	1758.1	33.9	32.8	32.5
13.58	3.39	3.39	3.39	9.1	8.2	7.4	1776.8	33.9	32.9	32.5
13.37	4.73	4.73	4.73	13.1	15	13.7	1780.5	33.9	32.8	32.6
13.40	3.89	3.88	3.88	14.4	16	14.2	1756.4	33.9	32.8	32.6
14.39	1.22	1.22	1.22	5.9	5.6	2.8	1815.4	33.8	32.8	32.6
13.37	3.62	3.62	3.62	13.4	13.2	13.3	1781.3	33.8	32.8	32.7

在训练好观测向量的回归模型后，根据当前时刻的风速，利用观测向量的回归模型就可以得到一个观测向量。观测向量表示在该风速下各运行参数在正常运行状态下的数值，然后计算从机组 SCADA 系统得到的测量向量 A' 到观测向量 A 的距离，根据测量向量与观测向量的距离大于某一阈值来识别机组处于正常运行状态还是异常状态。其中机组

SCADA 系统测量向量 A' 到观测向量 A 的距离 δ 为

$$\delta = \sqrt{\sum_{i=1}^{n}(a_i - a_i')^2} \quad i = 1, 2, \cdots, n$$

因为测量向量和观测向量中各个运行数据的数量在单位级上相差较大，为了准确识别变桨系统异常运行状态，将所有运行参数的范围进行归一化处理，即式中 a_i 在 0 到 1 之间。

在 2010 年 4 月 23 日 20 时 42 分，风力发电机组发生紧急停机。故障发生前 10min，风速在 7～8.2m/s 间波动，风速在额定风速以下，变桨系统应该实现最大风能捕获。机组 SCADA 系统所报故障见表 5-8。

表 5-8 机组 SCADA 系统所报故障

时刻 /（年-月-日 时：分）	机组所报故障	时刻 /（年-月-日 时：分）	机组所报故障
2010-4-23 20：42	变桨 1 通用驱动故障	2010-4-23 20：42	变桨 3 变频器直流母线过压故障
2010-4-23 20：42	变桨 2 通用驱动故障	2010-4-23 20：42	变桨 1 限位 91°开关触发故障
2010-4-23 20：42	变桨 3 通用驱动故障	2010-4-23 20：42	变桨 2 限位 91°开关触发故障
2010-4-23 20：42	变桨 1 变频器直流母线过压故障	2010-4-23 20：42	变桨 3 限位 91°开关触发故障
2010-4-23 20：42	变桨 2 变频器直流母线过压故障	2010-4-23 20：42	变桨紧急停机模式故障

从表 5-8 中看出，这是一连锁故障，从机组 SCADA 系统的故障日志不能准确判断机组的具体故障及损坏器件。经过运行人员的实地检查，发现情况为在 2010 年 4 月 23 日 20 时 42 分，变桨变频器直流母线过压，导致变桨通用驱动故障，触发机组桨叶顺桨，启动紧急停机模式。

使用基于支持向量机的变桨系统故障诊断法，将 2010 年 4 月 23 日 20 时 36 分的风速输入变桨距观测向量回归模型，得到一个观测向量 $A = [0.04, 0.04, 0.04, 8.1, 8.8, 9.6, 1427, 34.5, 34.5, 34]$，而实际测量的向量 $A' = [0.04, 0.04, 0.04, 8, 8.9, 9.7, 1441.6, 34.5, 34.6, 33.6]$，然后将观测向量和测量向量的各元素进行归一化，以消除数量级的影响；计算得到测量向量 A' 到观测向量 A 的距离 $\delta = 0.02$，与自适应阈值 $\nu = 0.07$ 进行比较，$\delta < \nu$，表明变桨距系统在正常运行状态范围内。以此类推，图 5-8 描绘了随着故障的发生，测量向量到观测向量的距离的变化情况。

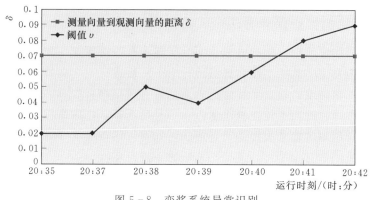

图 5-8 变桨系统异常识别

从图 5-8 可以看出，2010 年 4 月 23 日 20 时 41 分的测量向量到观测向量的距离 δ 超过了阈值 ν，说明变桨系统已处于异常运行状态。这表明本方法所建立的风力发电机组变桨系统运行状态异常识别方法比 Scada 中的基于单一运行参数阈值的故障诊断系统具有更高的灵敏度。在变桨系统发生紧急停机的前一分钟变桨系统已经处于异常运行状态，如果此时采取措施，将可以避免 20 时 42 分变桨变频器直流母线过压导致变桨驱动器损坏的发生。

5.3 变桨系统的运行维护

5.3.1 变桨轴承的维修及保养方法

（1）检查变桨轴承表面清洁度。由于风力发电机组长时间工作，变桨轴承表面可能因灰尘、油气或其他物质而导致污染。表面如有污染，检查表面污染物质和污染程度，然后用无纤维抹布和清洗剂清理干净。此项维护工作在机组运行 1 个月后进行，之后每年进行 1 次。

（2）检查变桨轴承表面防腐涂层。检查变桨轴承表面的防腐层是否有脱落现象，如有应按涂漆相关标准规范及时补上。此项工作在机组运行 3 个月后进行，之后每半年进行 1 次。

（3）检查变桨轴承齿面情况。检查齿面是否有点蚀、裂纹、锈蚀、断齿等现象。如发现问题，需要联系维修人员修复或更换轴承。此项工作在机组运行 1 个月后进行，之后每半年进行 1 次。

（4）检查变桨轴承密封情况。检查变桨轴承（内圈、外圈）密封是否完好，是否有裂纹、气孔和泄漏。用清洗剂清洁轮毂内及叶根表面溢出油污。如果发现密封件功能失效，需更换密封件。此项工作在机组运行 1 个月后进行，之后每半年进行 1 次。

（5）变桨轴承螺栓的紧固。检查变桨轴承与轮毂的连接螺栓检查。用液压力矩扳手以规定的力矩检查螺栓，如果螺母不能被旋转或旋转角度小于 20°，说明预紧力仍在限度之内；如果一个或多个螺旋转角度超过 20°，则必须把螺母彻底松开，并用液压扳手以规定的力矩重新把紧。撞块用的螺栓的检查方法与上述方法相同。此项工作需在机组运行 1 个月后、6 个月后进行，之后每年进行 1 次。

（6）变桨轴承润滑。变桨轴承一般由集中自动润滑系统进行润滑，控制系统设置定期（每 3 个月）对变桨轴承注脂。润滑泵低油位时会自动报警，检查人员及时对润滑泵加注润滑脂。检查人员每半年清理 1 次变桨轴承集油瓶废油。

5.3.2 变桨电机的维修保养方法

（1）检查表面防腐涂层。检查电机表面涂层是否有脱落现象，如有，需由维修人员按涂漆相关标准规范补上。此项工作在机组运行 1 个月后进行，之后每年进行 1 次。

（2）检查表面清洁度。检查变桨电机表面是否有污染物，如有，应用干燥的无纤维抹布和清洁剂清理干净。此项工作在机组运行 1 个月后进行，之后每年进行 1 次。

（3）检查冷却风扇。检查表面是否有污物，如有，用干燥无纤维抹布和清洁剂清理干净。此项工作在机组运行 1 个月后进行，之后每年进行 1 次。

（4）检查变桨电机的接线。检查接线是否有松动现象，如有，需清除导线上存在的氧化物，并重新连接牢固。此项工作在机组运行 6 个月后进行，之后每年进行 1 次。

5.3.3　变桨齿轮箱（变桨减速机）的维修保养方法

（1）检查表面防腐涂层。检查减速机表面涂层是否有脱落现象，如有，需由维修人员按涂漆相关标准规范补上。此项工作在机组运行 3 个月后进行，之后每年进行 1 次。

（2）检查表面清洁度。检查表面是否有污染物，如有，应用干燥的无纤维抹布和清洁剂清理干净。此项工作在机组运行 1 个月后进行，之后每年进行 1 次。

（3）检查变桨齿轮箱的噪声情况。检查变桨齿轮箱是否存在异常声音，如有，需检查变桨小齿轮与变桨轴承的配合情况，进一步的修理工作由维修人员进行。此项工作在机组运行 3 个月后进行，之后每年进行 1 次。

（4）检查齿轮、齿圈表面的锈蚀、磨损情况。齿面磨损是由细微裂纹逐渐扩展、过大的接触剪应力和应力循环次数共同作用下形成的。仔细检查表面情况，如发现表面锈蚀、点蚀、裂纹、磨损等情况，需联系维修人员进行修复或更换。此项工作在机组运行 1 个月后进行，之后每年进行 1 次。

（5）检查变桨小齿轮与变桨齿圈的啮合间隙。变桨小齿轮与变桨大齿圈的啮合间隙正常在 0.2～0.5mm，超过此间隙值需由维修人员进行调整。此项工作在机组运行 1 个月后、6 个月后需进行，之后每年进行 1 次。

（6）变桨齿轮箱螺栓维护。检测变桨齿轮箱与轮毂连接螺栓、变桨小齿轮压板用螺栓，如螺栓的终端位置距检查前的位置不变（螺栓没有旋转）或相差 20°以内，说明预紧力仍在限度之内，如旋转角度超过 20°，则必须把螺母彻底松开，重新拧紧螺栓。此项工作在机组运行 1 个月后进行，之后每年进行 1 次。

（7）变桨齿轮箱润滑检查。检查人员目视检查变桨齿轮箱是否漏油，检查油位是否合适，油位偏低时为变桨齿轮箱加油。此项工作在机组运行 6 个月后进行，之后每年进行 1 次。

（8）变桨小齿轮的润滑情况检查。自动润滑系统通过润滑小齿轮对变桨小齿轮进行润滑。润滑泵低油位时会自动报警，检查人员应及时加满润滑泵的润滑脂。此项工作在机组运行 6 个月后进行，之后每年进行 1 次。检查人员每半年清洁变桨小齿轮表面污染 1 次，检查是否有表面腐蚀并进行相应处理。

5.3.4　变桨控制柜的维修保养方法

（1）检查电池电压。此项维护工作在机组进行 6 个月后进行，之后每年进行 1 次。如果一个电池出现问题，整个电池组都得更换。在变桨驱动异常时，也需要进行控制柜备用电源的检查。

（2）检查控制柜的外观、接线是否牢固等。

5.4　变桨系统故障诊断案例

5.4.1　MOOG/LUST 变桨系统故障

5.4.1.1　系统的基本结构

1. 变桨控制器

PitchMaster，输入电压：3 相 400V 交流电，额定电流交流 54A，最大交流电流

图 5-9　变桨控制器

144A。PitchMaster 是 LUST 变桨系统的核心伺服驱动器，穿墙式散热器安装在柜体背面，背面的散热片上安装有散热风扇。其内部集成了检测控制电路，实现位置、速度控制，如图 5-9 所示。内部控制电路具有 2 级隔离电源，提高 EMC 性能。SNT1 为 SNT2 及数字量 I/O 供电，能够提供大的负载电流。SNT2 为控制器、旋转编码器、模拟量 I/O 供电等供电。

2. 变桨电机

MOOG 变桨电机是同步交流电机，在恶劣的条件下可实现高性能运转，可满足陆上和海上安装所需的可靠性能要求。额定功率为 5.5kW，额定电压交流为 87V，电压频率为 50Hz，三角形接法，额定转速为 1450r/min，额定转矩为 33N·m，抱闸转矩为 90N·m，编码器为 SSI，冷却方式为独立风扇冷却，最大转矩（30s 内）为 75N·m，绝缘等级为 F，保护等级为 IP54。

3. 滑环

MOOG 滑环采用独特的金属纤维刷技术，无需维护，并可在各种条件下确保极其可靠的性能，如图 5-10 所示。纤维刷技术拥有超长的工作寿命，可达到一亿转次以上，且不要求润滑，而且温度范围和产品封装适合在风电行业恶劣的条件下使用。表 5-9 对比了纤维刷滑环和复合金属滑环的性能特点。

图 5-10　MOOG 纤维刷滑环

表 5-9　纤维刷滑环和复合金属滑环的性能对比

性　能	纤维刷滑环	复合金属滑环
寿命	10 年	5 年
环境温度影响	不易受温度影响	易受温度影响
是否需要维护	无需维护	需要定期更换碳刷和清洗
外形结构	结构紧凑	外形较大

5.4.1.2　变桨位置比较故障（MOOG 变桨系统）

某风电场位于华北地区，属丘陵山地地形。机组单机容量 1.5MW，属双馈、三叶片、电动变桨型风力发电机组；塔高 65m，叶轮直径 77m，分为上、中、下三节，属柔性筒式塔架；该风电场风资源属于 IECⅡ类，年平均风速 7.1m/s，机组已运行 4 年。

1. 故障概述

两种现象会导致该故障的发生：一类是同一个叶片的主旋编和冗余旋编角度不同，另一类是两个叶片之间的角度不同。当上述两种情况下，任意两个角度位置差值的绝对值大于设定值 5°，主控器会接收到 MOOG 变桨系统发出的变桨位置差异信号，故障文件表中的"error_pitchL_position_diffrent（变桨角度比较故障）"由"0"变为"1"，主控报出故障，断开安全链，执行紧急停机。LUST 变桨系统变桨角度故障描述见表 5 - 10，表中"0"表示左边故障未发生，"1"表示左边故障已发生。

表 5 - 10　LUST 变桨系统变桨角度故障描述

变桨角度比较故障	1				
叶片自比较故障	0				
叶片目标位置	9.249	变桨速度	0.186		
1#叶片实际位置	9.230	2#叶片实际位置	9.230	3#叶片实际位置	9.230
1#编码器反馈位置	14.070	2#编码器反馈位置	9.290	3#编码器反馈位置	9.030

2. 故障现象

故障现象分为两类：一类是同一个叶片的主旋转编码器和冗余旋转编码器角度不同；另一类是两个叶片之间的角度不同。解决此类故障首先要看是否存在通信问题，可以通过重新通电来判断。如果重新通电后角度正常则为通信故障，需要更换 profibus 总线端子；反之则检查存在错误角度的旋转编码器，检查编码器的联轴器是否松动，如正常则需要更换相关编码器。可以看出，故障由主旋转编码器和冗余旋转编码器之间的角度存在问题所导致的，所以检查后发现，冗余旋转编码器与小齿轮啮合不当，经过紧固处理后，故障消失。

3. 原因分析

（1）主旋转编码器损坏（常见）。

（2）冗余旋转编码器损坏（常见）。

（3）PitchMaster 损坏。

（4）主旋转编码器线损坏。

（5）冗余旋转编码器线和 DP 头损坏。

（6）冗余旋转编码器或主旋转编码器数据丢失。

（7）冗余旋转编码器齿轮打滑。

（8）电机闸片损坏。

4. 检查步骤

（1）通过读取电脑中存储的 F 文件、B 文件观察旋转编码器角度情况。首先观察 F 文件中 6 个旋转编码器角度的数据，如果都差别不大，需要查看 B 文件中，确认旋转编码器角度是否出现跳变。

（2）对确认出是旋转编码器出现问题后，需要更换旋转编码器。更换完后需要重新清零。

（3）如果旋转编码器没有跳变，需要观察 F 文件中"profi_in_pitchL_error_

Code _ Converter _ ＊"的代码，如果显示为代码 30，需要更换旋转编码器线。更换完旋转编码器线故障仍不消除，需要更换 PitchMaster。

（4）如出现冗余旋转编码器角度大于主旋转编码器角度，而冗余旋转编码器角度没有出现跳变；需要检查电机齿形盘侧和冗余旋转编码器侧齿轮是否打滑，如果没有打滑，需要检查电机闸片，如果闸片不动作，需要更换电机。

（5）如果 F 文件出现冗余旋编角度为 0，更换冗余旋转编码器的 DP 头，同时检查冗余旋转编码器的 DP 接线。

5.4.1.3　变桨超级电容故障（MOOG 变桨系统）

某风电场位于河北地区，属丘陵山地地形。机组单机容量 1.5MW，属双馈式、三叶片、电动变桨型风力发电机组；塔高 65m，叶轮直径 77m，分为上、中、下三节，属柔性筒式塔架；该风电场风资源属于 IEC Ⅱ 类，年平均风速 7.0m/s，机组已运行 3 年。

1. 故障概述

单支桨叶电容柜中配置四个超级电容，单只电压 83.75V，任何一个电压不正常、充电器发生故障或电容柜过温，都会触发此故障，变桨存储单元 OK 信号变为低电平，主控接收到低电平持续 1s 后，故障文件 pitch capacitors 表中的"error _ pitch _ Energy _ storage _ OK"由"0"变为"1"，主控报出故障，断开安全链，执行紧急停机。变桨电容故障描述见表 5 - 11，表中"0"表示左边故障未发生，"1"表示左边故障已发生。

表 5 - 11　变 桨 电 容 故 障 描 述

变桨充电器故障	1				
叶片自比较故障	0				
1#变桨电容电压故障	0	2#变桨电容电压故障	0	3#变桨电容电压故障	0
1#电容电压故障	0	2#电容电压故障	0	3#电容电压故障	0
1#电容电压	334.6	2#电容电压	334.6	3#电容电压	334.6

2. 原因分析

（1）电容测量模块 KL3403 - 0010 损坏（常见）。

（2）超级电容损坏。

（3）AC500 充电器损坏（常见）。

（4）超级电容接线松动。

（5）电容保险 2F3 跳闸。

（6）AC500 充电器电阻损坏。

（7）2F2 跳闸。

（8）8K8 接触器损坏。

3. 解决方法

引起此类故障的原因甚多，不同现象有不同的解决方法，具体如下：

（1）现象一：发现超级电容电压跳变；解决方法是更换 KL3403 - 0010。

（2）现象二：超级电容电压跌落，这种现象不能很明显地判断出为何处故障，要经过以下简单操作来判断：

1）切断轮毂内的电源（可以通过断机舱电来实现），断电后马上观察电容电压变化，如果电压瞬间掉落十几伏则须检查超级电容。超级电容可以通过将电压完全放掉后测量通断来检查，导通为正常；或者在带电情况下检查每个电容电压值，83V 左右。超级电容的电压检测回路如图 5-11 所示。如果断电后电压掉落正常，有可能是电压暂时不平衡，放电后静置一段时间然后重新充电即可。

2）检测充电电源 AC500 输出是否正常，正常时输出电压应与电容电压一致。如果没有输出则为 AC500 损坏。系统结构图如图 5-12 所示。

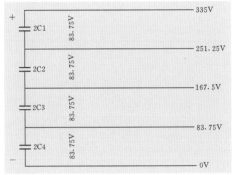

图 5-11 四个超级电容的电压检测回路

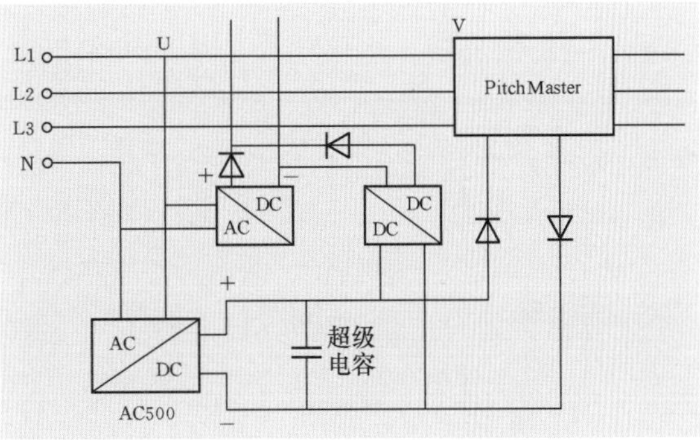

图 5-12 系统结构图

4．故障处理

通过就地监控观察，为电压跌落现象，而且变化比较缓慢，由此排除 KL3403 模块的原因，断电、放电后检查超级电容，发现超级电容正常，没有故障；所以把故障锁定在 AC500 上，通过检查 AC500 的输入输出，结果是 AC500 输入正常，但是没有输出，由此判断是 AC500 损坏。

5.4.1.4 变桨变频器故障以及变桨安全链故障

某风电场位于内蒙古西部地区，属戈壁地形。机组单机容量 1.5MW，属双馈、三叶片、电动变桨型风力发电机组；塔高 65m，叶轮直径 77m，分为上、中、下三节，属柔性筒式塔架；年平均风速 6.8m/s，机组已运行 5 年。

1．故障概述

每台机组有 3 台 PitchMaster，分别为 1#、2#、3#。任何一台无法正常工作，都将报变桨变频器故障，导致变桨安全链断开，系统紧急停机。安全链系统故障描述见表 5-12，安全链系统变桨变频器（PitchMaster）故障描述见表 5-13，表中"0"表示左边故障未发生，"1"表示左边故障已发生。

表 5-12 安全链系统故障描述

安全链系统故障	1				
塔底急停	0	塔顶急停	0	超速保护	0
机舱过振动	0	偏航过扭缆	0	来自变桨安全链	1
叶轮锁	0	PLC 看门狗	0	去往变桨系统的安全链信号	0

表 5 - 13　安全链系统变桨变频器（PitchMaster）故障描述

变桨变频器故障	1				
1# 变桨变频器故障	0	2# 变桨变频器故障	0	3# 变桨变频器故障	1

2. 原因分析

变桨系统安全链如图 5 - 13 所示。经过滑环进入 1# 变桨柜的安全链信号有 3 根线：1# 线与 3# 线是进入变桨柜的信号，2# 线是由变桨反馈给主控的信号。当各柜子主断路器 1F1 闭合、PitchMaster 自检正常信号（OSD04 触点闭合）以及 1# 变桨柜的 8K9 吸合，变桨会向主控反馈一个高电平，表明内部安全链正常。

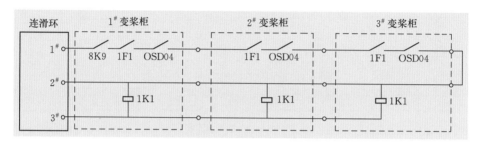

图 5 - 13　变桨系统安全链图

8K9 只存在于 1# 变桨柜，由 PLC 控制，只有变桨内部无故障，才会吸合，吸合后 1K1 得电，将安全链 OK 的信号反馈给 PitchMaster。

故障解释说明，当 PitchMaster 发生故障时，变桨系统内部报此故障；并将状态故障信息通过 DP 总线送给风力发电机组主控系统，机组立即报此故障，执行紧急停机，同时断开安全链。

3. 故障处理

连接 Drivemanager 软件，通过路径"Expend→Error/Warning"可以查看 PitchMaster 最近四次发生的故障，点击"Diagnosis"可获得可能的故障原因及解决方法。通过检查变桨内部安全链发现各个触点的接线，未发现问题。所以暂时把变桨安全链故障的原因定位为由变桨变频器故障引起的。先处理变桨变频器故障，经过检查发现是 PitchMaster 内部参数问题，重新刷程序后，变桨系统恢复正常。

4. 故障总结

变桨安全链故障有时候并不是本身存在问题，而是由其他的故障引起的，所以在这种情况下，要从两方面考虑，处理故障。在本次处理故障中，是由于 PitchMaster 内部参数问题导致故障的，所以重新刷程序之后就解决了；但当碰到在现场不能解决的问题时，从软件里可以看到建议解决方法是联系厂家，返厂处理。这时是 PitchMaster 损坏，需要更换。

5.4.2　VENSYS 变桨系统故障

5.4.2.1　系统的基本结构

VENSYS 变桨系统的结构图如图 5 - 14 所示，其内部主要部件如图 5 - 15 所示。

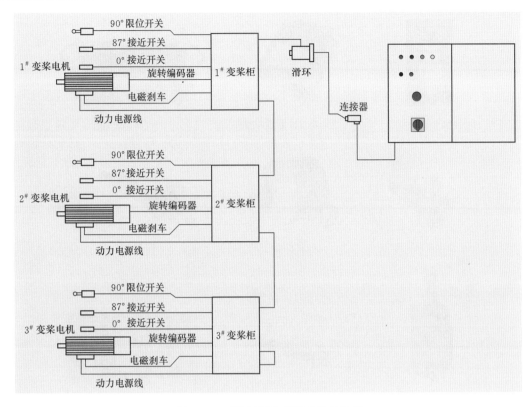

图 5 - 14　VENSYS 变浆系统结构图

5.4.2.2　变浆电容电压不平衡故障

变浆系统中变浆电容的连接电路示意图如图 5 - 16 所示。变浆电容故障描述见表 5 - 14，表中"0"表示左边故障未发生，"1"表示左边故障已发生。

表 5 - 14　变 浆 电 容 故 障 描 述

变浆电容温度	0				
1# 柜 U_1 电压值	60.4	2# 柜 U_1 电压值	55.9	3# 柜 U_1 电压值	57.9
1# 柜 U_2 电压值	27.5	2# 柜 U_2 电压值	23.6	3# 柜 U_2 电压值	26.4
电容电压故障	1				

1. 故障概述

风力发电机组报故障的情况有以下方面：

（1）当变浆电容的高电压（图 5 - 16 中 U_1，正常约为 60V）减去电容低电压（图 5 - 16 中 U_2，正常约为 30V）差值大于 32.2 时。

（2）当低电压 U_2 大于 32.2 时。

（3）当 U_2 大于 $\left(\dfrac{1}{2}U_1 + 4\right)$，且持续 3s 时。

（4）当 U_2 小于 $\left(\dfrac{1}{2}U_1 - 4\right)$，且持续 3s 时。

相应故障描述见表 5 - 14。

（a)变桨充电器 NG5

（b)变桨逆变器 AC2

（c)变桨超级电容

（d)变桨电机

（e)旋转编码器

（f)滑环

（g)限位开关

（h)接近开关

（i)Beckoff 模块

图 5-15　VENSYS 变桨系统内部主要部件图片

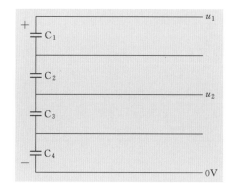

图 5-16　变桨电容电路图

2. 原因分析

（1）NG5 输出电压不正常。

（2）超级电容损坏。

（3）监测超级电容电压的 A10 模块损坏或线路虚接。

（4）接收电容电压的模拟量输入信号模块 KL3404（A5）损坏。

（5）电磁刹车继电器、电磁刹车动作不灵敏导致电容充电速度慢于放电速度。

（6）干扰引起监测电容电压信号跳变。

3. 处理方法

（1）检查 NG5 的充电状况，并断开电源重新上电，观察 NG5 能否正常工作，并测量其输出电压（拔掉 NG5 与电容插头量）是否正常。如果输出电压不正常，测量 NG5 输入 400V AC 供给是否正常，如果输入正常，请更换 NG5；如果输出电压正常，说明 NG5 可以正常工作，则排查其他故障点。

（2）如果确定 NG5 没有问题，测量超级电容到 AC2 的实际输出电压。如不正常，说明超级电容损坏，请更换全部电容；如果电压正常，说明超级电容工作正常，则排查其他故障点。

（3）如果 NG5、超级电容都正常，说明是电压监测出现问题，测量模块 A10 输入电压。正常情况下，输入高电压为 60V、低电压为 30V。如果输入电压不正常，检查端子接线或 A10 接线是否松动。如果输入电压正常，检查输出信号电压 U30 和 U60 电压是否为 2.8V 和 5.5V 左右，如偏差太多，说明 A10 损坏，更换 A10 模块。如果 A10 模块输出正常，说明 A10 模块没有损坏，则排查其他故障点。图 5 - 17 给出了 A10 部分电路图。

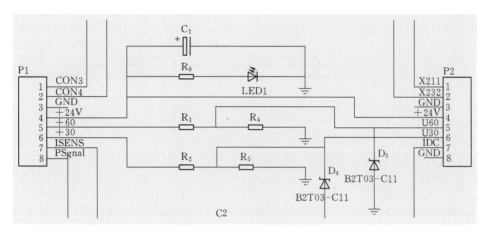

图 5 - 17 A10 部分电路图

电容测量端分别接至 A10 的 P1 端子上，电容电压经过 A10 的分压后，输出电压约等于输入电压的 1/10，即为 6V 和 3V 左右，然后将电压送至 KL3404（模拟量采集模块，0～10V 输入）。

（4）如果 NG5、超级电容、A10 模块都正常，说明 KL3404（A5）模块可能存在问题，更换一个新的 KL3404 模块。如果更换了新的模块故障仍然存在，说明 KL3404 模块可以正常工作，则排查其他故障点。

（5）如果 NG5、超级电容、A10 模块、KL3404（A5）模块都正常，说明可能是由于 AC2 输出电流过大导致电容来不及充电，电压低至故障值。一般这种情况出现相应的变桨电机输出电流较大，变桨电机温度会很高，通过查看故障文件，如果发现变桨电机的温度确实很高，检查电磁刹车继电器是否正常动作、电磁刹车绕组是否正常，减速器是否有问题导致电机超负荷运行。如果以上情况都不存在，则排查其他故障点。

（6）如果 NG5、超级电容、A10 模块、KL3404（A5）模块都正常，且电机也不过流，说明此故障是干扰，但是干扰的来源有很多，有可能是 A10 的接地有问题，也有可能是 24V DC 电源模块的负极插头接触不良，还有可能是整个变桨柜的接地有问题。

5.4.2.3 变桨位置传感器故障

1. 故障概述

（1）风力发电机组运行过程中，当叶片角度大于 6.5°，持续 100ms，5°接近开关输出高电平信号，机组报此故障。

（2）当叶片角度小于 3.5°时，持续 100ms，5°接近开关输出低电平信号，机组报此故障。

相应故障描述见表 5 - 15。

表 5 - 15　故　障　描　述

1# 变桨位置传感器范围故障	1	
故障说明	在设定的时间范围内没有正常动作	
备注	故障时间	故障设置值
	100ms	6.5°、3.5°

2. 原因分析

（1）5°接近开关，与挡块的距离太远或 5°挡块没调整合适。

（2）5°接近开关损坏。

（3）5°接近开关接线外皮磨损，接近开关插针或屏蔽层损坏。

（4）5°接近开关质量问题，长亮或长灭。

（5）旋转编码器跳变。

（6）数字量采集模块 KL1104（A4）损坏。

3. 检查步骤

（1）手动变桨到 5°挡块位置，通过就地监控面板显示的变桨位置和实际位置的对比，判定接近开关与挡块的位置是否合适，如果不合适则对该支叶片的旋转编码器重新清零并调整所有挡块。如在今后的运行过程中，再次出现同样的情况，建议更换旋编。如位置合适则需进行进一步的故障判断。

（2）如果变桨的实际位置和显示的位置一致，说明不是旋转编码器的问题，可能是接近开关本身存在问题。手动变桨使接近开关上到挡块平面，观察接近开关是否变亮，同时在面板上监控"5°接近开关"信号是否变为蓝色高电平，如信号不是蓝色高电平而接近开关变亮，尝试更换 KL1104。如果不变亮，查看接近开关与挡块平面的垂直距离是否合适（正常应该为 2～3mm），如发现是由于距离太远则调整垂直距离，如发现距离太近导致接近开关磨损则更换接近开关。如以上操作接近开关仍然不亮，说明不是接近开关的问题，检查 5°接近开关传感器到 KL1104 模块之间的接线，尤其是 X8 哈丁头内部接线、接近开关插针或端子排接线是否损坏或虚接，如接线没有问题则进一步排查。

（3）如接近开关存在长亮不灭或长灭不亮的现象，则更换接近开关。

4. 现场案例分析

某风电场某风力发电机组调试完成后，现场一直是小风天气，由于机组功率已经完全放开所以机组一直没有变桨，叶片一直处于最小角度附近，当天突然起风，平均风速达到 17m/s，开始变桨，由于风速忽大忽小，叶片来回变桨，当天某机组频繁报"1# 变桨位置传感器故障"。

通过查看机组运行 F 文件，发现 1# 叶片在 6.550°时，5°接近开关仍然亮着，而且 1# 叶片与另外两支叶片的角度都一样，说明不存在旋转编码器跳变的情况，可能是接近开关与变桨挡块的位置不合适造成，于是进入轮毂做进一步检查。

手动将1#变桨叶片变桨到5°挡块位置，接近开关正好亮的位置，在就地监控上查看叶片位置为5.100°，基本符合实际位置，排除了由于接近开关调试时与挡块的位置没有调好造成的接近开关故障，所以猜测是接近开关自身出现了问题，或者是监测模块出了问题。于是进一步检查，发下5°挡块上有一条明显的划痕，查看接近开关头部已近被磨损，判断可能是接近开关被损坏后其电磁特性发生了变化，导致接近开关在不该亮的时候变亮，为了验证这一点，在4°~6°直接频繁变桨，发现该接近开关明显比正常的接近开关反应迟钝，于是断定是此接近开关出现了问题。

更换接近开关，并重新调整5°接近开关与挡块之间的垂直距离，此后此故障再未报出，故障彻底排除。

5.4.2.4 变桨速度超限故障

1. 故障概述

变桨速度超限故障是指叶片即时变桨速度大于10°/s，风机即报此故障。变桨系统控制一般是主控制器通过KL4001给定变桨速度，桨叶变化再通过旋转编码器检测脉冲信号反馈给KL5001，进而以字的形式传送给控制器。故可初步判断叶片速度过大是由于旋转编码器损坏、KL5100损坏或者KL4001损坏三种情况造成。风机故障故障文件pitch speed表中的"error _ pitch _ speed _ limit _ 1/2/3"由"0"变为"1"，主控报出故障，断开安全链，执行紧急停机。变桨速度故障描述见表5-16。

表5-16 变桨速度故障描述

变桨速度超限	1				
1#叶片变桨速度超限	0	2#叶片变桨速度超限	1	3#叶片变桨速度超限	0
1#叶片设定速度	−2.5	2#叶片设定速度	−3.9	3#叶片设定速度	−2.4
1#叶片瞬时速度	−2.5	2#叶片瞬时速度	−499	3#叶片瞬时速度	−3.1

2. 原因分析

（1）旋转编码器受到干扰，内部器件损坏。

（2）旋转编码器插头出现松脱现象，导致接触不良。

（3）由旋转编码器到KL5001的信号回路上出现接触不良问题，或X3端子排出现问题。

（4）旋转编码器插头处的屏蔽层接触不良或未接触，致使干扰信号进入信号回路，数据出现跳变。

3. 检查步骤

（1）旋转编码器的插头及插头处的屏蔽层连接。

（2）检查旋转编码器信号线到变桨柜处的哈丁插头的屏蔽层连接。

（3）检查X3端了排上的接线及KL5001上的接线，并检查X3端子排的压敏电阻是否良好。

若以上检查都良好，那么建议更换旋转编码器。

4. 现场案例分析

某风电场机组，报变桨速度超限，此故障常见的现象是叶片角度数据无规律的出现跳变。由于叶片角度数据的跳变致使机组在计算叶片变桨速度时，叶片的变桨速度超过了机组设定的最大变桨速度的故障值，机组报出此故障。绘制出变桨速度图如图 5 - 18 所示，图中纵坐标为桨叶角度，横坐标为记录时间点，此时查看故障时产生的 b 文件。发现 pitch_position_blade_2 数据有异常出现了两个一个周期的数据突变。

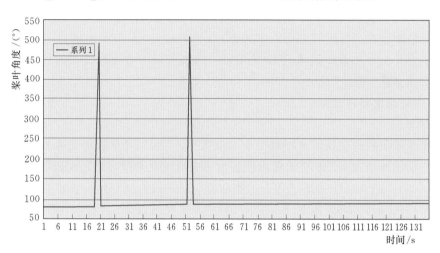

图 5 - 18　变桨速度

首先，检查编码器电源的接线并进行测量，发现没有问题。然后，检查旋转编码器数据线屏蔽层的接地情况，发现旋转编码器的插头接触不良，但处理后机组依然会报此故障，说明并不是屏蔽层的问题。紧接着检查数据线的插头，未发现虚接的问题。随后更换了 KL5001，故障依然存在，这说明问题一定存在旋转编码器上，最后更换了旋转编码器，更换完毕后机组故障消失。

第6章 变流器的故障诊断技术

早期并网的风力发电机组采用恒速恒频技术，也就是在并网运行过程中，发电机的转速不随风速的变化而变化，而是维持在保证输出频率达到电网要求的恒定转速上运行。由于这种风力发电机组在不同风速下不满足最佳叶尖速比，因此效率较低。为了提高风力发电机组效率，现代大型风力发电机组采用了变速恒频运行方式，即在不同风速下，为了实现最大风能捕获，发电机的转速必须随着风速的变化不断进行调整，处于变速运行状态。此种方式可以提高风力发电机组的效率，但此时发电机发出的电能频率是随风速变化，因此其发出的电能频率需通过一定的恒频控制技术来满足电网的要求。目前，变速恒频运行的风力发电机组的发电机主要采用双馈异步交流发电机和永磁低速同步交流发电机，其变速恒频技术都是通过变流器及其相应的控制系统完成。变流器（也称为变频器）作为风力发电机组的重要部件，也是系统中发生故障概率较多的部件，本章主要介绍变流器的故障诊断技术。

6.1 变流器的结构及组成

6.1.1 直驱永磁同步风力发电机组的变流器

图 6-1 给出了直驱式永磁同步变速恒频风力发电系统的结构示意图。风轮吸收风能转换为机械能，直接驱动永磁低速同步发电机，发电机随风速做变速运行，把机械能转换为电能。由于此时定子发出的电能频率随着发电机的转速变化，不能直接并入电网，需要将风力发电机组发出的全部功率经由变流器进行整流和逆变成频率恒定且电能质量合格的电能输入到电网。

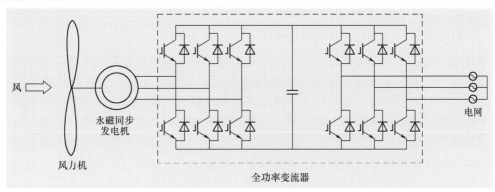

图 6-1 直驱式永磁同步变速恒频风力发电系统结构示意图

由于发电机及其变流器控制系统是风力发电系统的关键部件，因此这一关键部件的运行状况将决定着整个风力发电系统的性能。全功率变流器设计是直驱型永磁同步风力发电的关键技术之一，永磁同步发电机输出的变化频率的低频交流电被背靠背全功率变流器变换成频率固定的工频 50Hz 电馈入电网。

通常变流器可分为交—直—交（交流—直流—交流）变流器和交—交（交流—交流）变流器两大类。交—交变流器可将需要变换的交流直接变换成频率、电压均可控制的交流，又称为直接式变流器。而交—直—交变流器则是先把需要变换的交流电通过整流器变成直流电，然后再把直流电变换成频率、电压均可控制的交流电，它又称为间接式变流器。

直驱式风力发电机组多采用交—直—交变流器形式，其基本构成如图 6 - 2 所示，主电路（包括整流器、中间直流环节、逆变器）通过控制器控制相应器件，完成交—直—交的能量转换过程，分述如下：

（1）整流器，也称为机侧变流器。其作用是将永磁同步发电机发出的三相交流电转换成直流电。

（2）逆变器，也称为网侧变流器。它的作用是将中间直流环节上电能逆变成满足电网频率、电压、相位的交流电。最常见的结构形式是利用 6 个半导体主开关器件组成的三相桥式逆变电路，有规律地控制逆变器中主开关器件的通与断，得到任意频率的三相交流电输出。

（3）中间直流环节。中间直流环节由储能元件（如电容器）组成，所以又常称中间直流环节为中间直流储能环节。

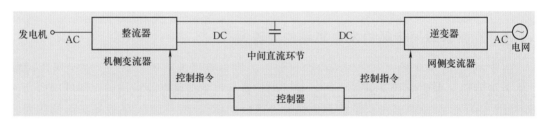

图 6 - 2　变流器的结构示意图

经过多年的发展，当前工业上运行的直驱式永磁同步发电系统中，主要采用的全功率变流器拓扑结构，具体如下：

（1）机侧采用不可控整流，网侧 PWM 逆变，如图 6 - 3 所示。电机定子输出端的交流电通过接三相二极管整流桥进行不可控整流，直流环节采用电感电容滤波实现，网侧变流器把直流环节的电能逆变成工频交流电馈入电网。根据其采用二极管桥整流的原理可知，这种方式只有当发电机线电压的峰值高于直流母线电压时，发电机才能送出电能；而且直流母线电压的最小值已经由电网电压决定，因此发电机运行电压需设计较高的输出电压，从而对变流器所使用的电力电子器件耐压性能提出很高的要求，系统成本也因此大大增加，导致整机效益降低。由于采用二极管不可控整流，能量无法双向流动，永磁同步发电机也不可控，最大功率跟踪实现困难；此外，发电机定子电流中含有很大的低次谐波，铜耗和铁耗较大，降低了发电机的效率。这种拓扑缺陷明显，很少采用。

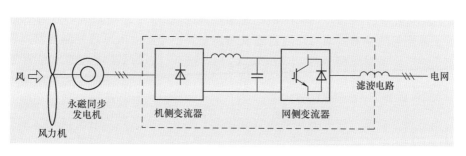

图6-3　机侧不可控整流永磁直驱变流器

（2）机侧不可控整流＋Boost 升压，网侧 PWM 逆变，如图6-4所示。

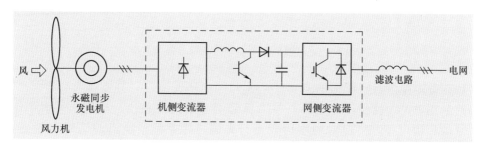

图6-4　机侧不可控整流＋Boost 升压永磁直驱变流器

电机定子输出端的交流电仍通过接三相二极管整流桥进行不可控整流，能量经由不可控交—直变流器到达直流侧，由于风速的变化，导致了直流侧电压的波动，采用 Boost 升压将直—交变流器直流母线侧电压控制稳定，然后通过直—交变流器逆变并入电网。这种电路结构的成本较低，却不具备四象限运行的能力，且电机侧由于不可控整流导致机侧谐波增大，影响了电机运行和效率，因而在运行中受到很大的限制；并且当系统功率较大时，大功率的 Boost 升压电路设计困难。但是，这种拓扑因为成本相对较低，在当前直驱型风力发电工程中得到了较多应用。图6-5给出了变流器的具体拓扑结构的典型示例。

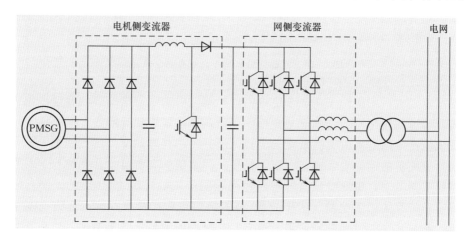

图6-5　典型机侧不可控整流＋Boost 升压永磁直驱变流器

（3）机侧采用相控整流，网侧 PWM 逆变，如图 6－6 所示。这种方式与上两种方式相比，由于晶闸管的导通时间可以通过触发角控制，一定程度上可以控制电流，保护直流母线，防止过压，实现机侧可控，成本较低。但是机侧低次谐波较大的缺点依然没有改善，因此实际系统中此种拓扑结构很少采用。

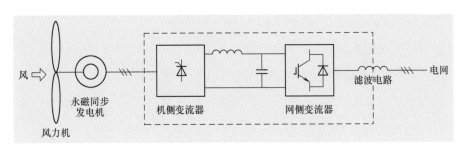

图 6－6　机侧采用相控整流永磁直驱变流器

（4）具备四象限运行能力的双 PWW 控制的功率变流器，如图 6－7 所示，其机侧和网侧均采用 PWM 控制环节实现。与二极管不可控整流相比，机侧采用 PWM 整流，实现整流的过程可控，可以对功率因数进行控制，降低了发电机的铜耗和铁耗，提高了发电机的效率；并且 PWM 变流器可提供几乎为正弦的电流，因而减少了发电机侧的谐波电流。通过变流器的控制，将永磁同步发电机发出的变频、变幅值电压转化为可用的恒频电压，并达到俘获最大风能的目的。这也是一种技术最先进、适应范围最为广泛的方案。

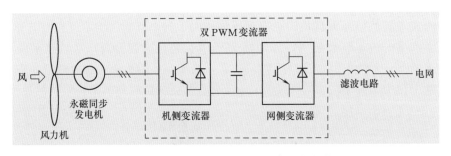

图 6－7　背靠背双 PWM 永磁直驱变流器

永磁同步发电机永磁转子在定子绕组中产生感应电动势，电动势和转速成正比，定子端电压随着转速的变化而产生幅值与频率的变化。经过机侧变流器的 PWM 整流作用，永磁同步发电机产生的电能由交流量转换成直流量并传输到网侧变流器，网侧 PWM 变流器再将表现为直流量的能量逆变成与电网同频率、同幅值的交流量。背靠背双 PWM 变流器可实现能量双向流动，机侧变流器可实现对永磁同步发电机转速/转矩的控制，网侧变流器实现对直流母线的稳压控制。图 6－8 给出了典型的具有四象限运行能力的双 PWM 变流器结构。整流和逆变过程分别采用通过 PWM 脉冲控制各自 6 个 IGBT 功率开关管的通断来完成。

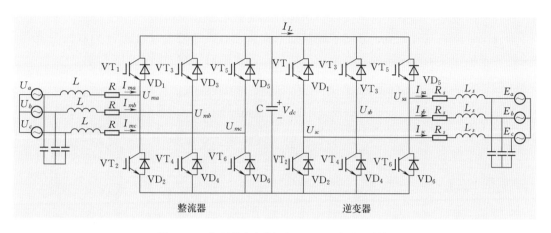

图 6-8　典型的电压源型双 PWM 变流器结构

6.1.2　带齿轮箱的双馈型风力发电机组的变流器

图 6-9 为一双馈异步发电机（DFIG）构成的变速恒频风力发电系统结构示意图。双馈发电机转子经过变频器（双向四象限变流器）与电网连接的结构。在双馈异步发电机运行中，当机组根据风速的不同发电机变速运行时，通过控制转子侧的变流器调节转子的交流励磁电流的频率，可实现电能的变速恒频输出。也就是说在风力机拖动发电机随风速变速运行的同时，其定子可以发出和电网频率一致的电能，并可以根据需要实现转速、有功功率、无功功率、并网的复杂控制；在一定工况下，转子也通过变流器向电网馈送电能。双馈异步发电机实现变速恒频的原理已在第 4 章中详细阐述，本节不再赘述。根据前面叙述可知，高质量的转子变流器是保证整个风力发电系统正常运行的关键。

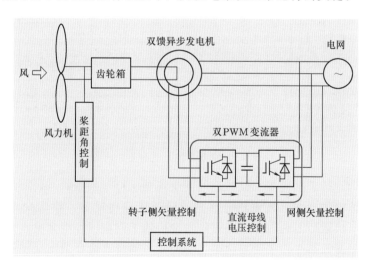

图 6-9　双馈异步发电机构成的变速恒频风力发电系统结构示意图

变流器实现的功能包括：接收主控并网指令实现自动并网；实现有功功率和无功功率独立控制，输出符合电网要求电能；满足双馈风电机组变速恒频控制，实现快速柔性并网，具有电网故障、雷击、过电流保护功能，具有低电压穿越功能。

对双馈发电机而言，由于其转子能量的双向流动性，需要转子变流器为双向变流器，多采用转子侧四象限变流器的主电路拓扑结构。其主电路结构如图 6-10 所示。

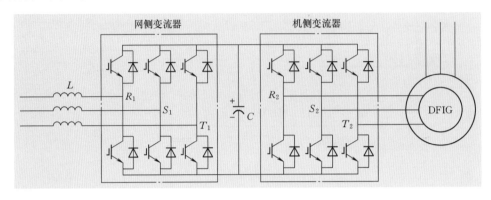

图 6-10　双馈发电机变流器主电路结构

双馈变流器由网侧变流器和机侧变流器两部分组成，各部分功能相对独立。网侧变流器的主要功能是实现网侧输入功率因数控制和保持直流环节电压稳定；机侧变流器的主要功能是在电机转子侧实现双馈电机的矢量控制，实现双馈电机有功功率和无功功率的解耦控制。两个变流器通过相对独立的控制系统完成各自的功能。

双馈变流器的网侧变流器和机侧变流器均可运行在整流和逆变状态，实现四象限运行，实现功率的双向流动。双馈变流器的两个变流器运行状态的切换完全是由双馈电机运行区域所决定的，如图 6-11 所示。

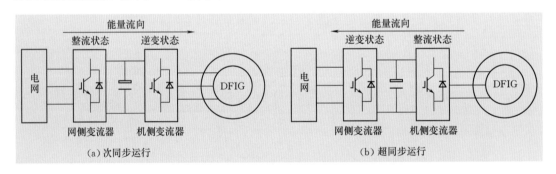

图 6-11　双馈发电机变流器工作状态

当双馈发电机运行于次同步工况时，网侧变流器运行于整流状态，交流电网通过网侧变流器向直流环节提供能量，发电机转子从直流环节获得能量，机侧变流器处于逆变状态。而当双馈发电机运行于超同步工况时，发电机转子向直流环节充电，机侧变流器工作于整流状态，网侧变流器工作于逆变状态，网侧变流器将直流环节电能馈送回电网。两个变流器的运行状态随着双馈电机工况的不同而自动切换。

双馈发电机的变流器控制功率仅为风力发电机组的转差功率，因此变流器容量小。在同功率发电机中，双馈发电机的变流器容量仅为直驱发电机使用的全功率变流器容量的 1/3 左右。

图 6-12 给出某国产风力发电机组变流器的拓扑结构图。

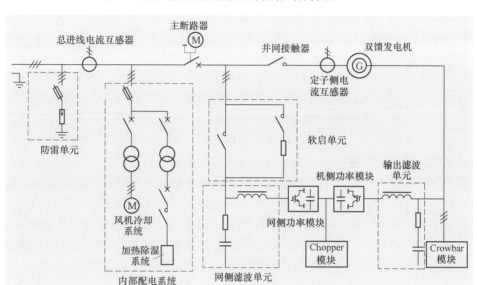

图 6-12 变流器的拓扑结构图

图 6-13 给出某国产风力发电机组变流器柜整体布局图。

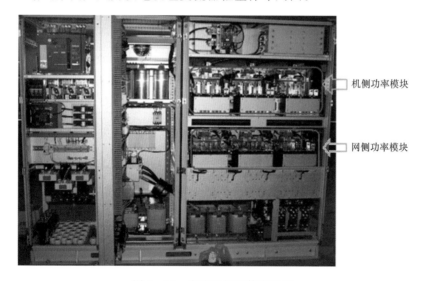

图 6-13 变流器柜整体布局图

6.2 变流器故障诊断方法

6.2.1 常见故障

变流器的故障与其他通用变流器的故障一样，也可分为一次侧电力电子转换元件的故障和二次侧控制电路以及检测电路的故障。本节主要介绍一次侧故障。

一次侧电路主要包括整流环节、直流环节和逆变环节，由开关管（目前常用的是 IGBT）和直流储能电容以及相关电路组成。当加载在功率器件 IGBT 管两端压降过大时，IGBT 管容易击穿，对电路的表现是直接短路；当管中流过功率过大、发热量无法及时散发出时容易导致炸毁，对电路的表现是断路；其余故障表现介于二者之间。

发电机变流器产生故障的原因是多方面的，主要是电网故障时，原动机未及时制动，使得向发电机输入的功率无法输入电网，导致变流器输入侧电压抬高，以及由此导致的直流储能电容电压抬升。此外发电机及原动机的故障也会逐级传递至变流器。加上风力发电机组工作所处的各种风沙、严寒、高热环境都可能导致变流器故障。

以双馈式风力发电机组为例，当电网发生故障时，将导致发电机机端电压跌落，造成发电机定子电流增加。由于转子与定子之间的强耦合，快速增加的定子电流会导致转子电流急剧上升。此外，由于机组的调节速度较慢，故障前期机组吸收的风能不会明显减少，而发电机由于机端电压降低，不能正常向电网输送电能，即有一部分能量无法输入电网，这些能量由系统内部消化，将导致转子侧变流器通过机侧变流器向直流侧电容充电、直流电压快速升高、电机转子加速、电磁转矩突变等一系列问题。

变流器故障主要有变流器误动作、过电压、过电流、过热及欠电压等。变流器过电压主要是指其中间直流回路过电压，这将对中间直流回路滤波电容器寿命有直接影响，产生变流器过电压的原因有电源侧的冲击过电压，如雷电引起的过电压、变流器负载突降会使负载的转速明显上升，从负载侧向变流器中间直流回路回馈能量，短时间内能量的集中回馈，可能会超过中间直流回路及其能量处理单元的承受能力引发过电压故障，变流器中间直流回路电容容量下降，中间直流回路对直流电压的调节程度减弱，双馈感应发电机因为在电源侧也用了逆变电路，尽管可以将多余的能量回馈给电网，但还是会发生过电压情况，所以需要进行检测与诊断。过电流故障由负载发生突变、负荷分配不均、输出短路等原因引起，由于逆变器件的过载能力较差，所以变流器的过电流故障诊断至关重要。当输入电源缺相，整流回路故障会导致欠电压故障。此外在电网要求风力发电机组低电压穿越时可能会造成的变流器故障。

6.2.2　故障诊断方法

目前，国内外对通用电力电子电路的智能诊断方法已有很多研究，使用的方法也多种多样，特别是基于信号处理技术、基于故障树技术和基于神经网技术的变流器故障诊断方法。国外还有专家研究了更复杂的电路组成形式，如层叠 H 桥多级逆变器（MLID）使用基于人工智能的 MLID 故障诊断和重组系统，该系统具体结构是从交流侧电压信号中提取特征向量，交由神经网系统分类并诊断系统故障，最后由结构重组系统自动旁路掉故障单元并重新组合剩余健康 H 桥单元，同时给出新组合下的控制波形以维持剩余结构继续运转；缺点是这些电路比较复杂。针对单个的整流电路的故障诊断，国内外也已有相当数量的研究，如基于参考模型的电力电子电路故障的在线诊断方法。以目前广泛使用的晶闸管三相变流装置主电路为例，利用参考模型法进行各种故障的仿真和试验研究。甚至已经有人将神经网络技术和小波分析技术用于整流电路研究，并取得了一定进展。引入多尺度分析的小波变换，通过检测模极大值来检测信号突变，并考虑控制角 α，形成故障的定位特征矢量。并以此特征矢量对 BP 神经网进行训练，实现最终的故障诊断网络。这些研究成果为神经网络技术和小波分析技术相结合应用于风力发电系统所专用的特殊变流器故障诊断提供了理论可行性，但在具体结合方法、结合程度上还有待进一步研究决定。关于风力发电系统专用变流器的故障诊断研究（包括直驱和双馈机型所用的变流器），国内也已经有部分研究成果，但大多仍停留在实验室仿真和理论研究阶段，下面简单介绍几种故障诊断方法。

6.2.2.1 利用输出波形进行故障诊断

当器件发生故障时，系统输出的波形会发生明显变化，通过波形变化来定位故障点。

变流器由一个三相桥式 AC/DC 整流器和一个三相桥式 DC/AC 逆变器组成典型的交—交变流器一次侧电路，改变整流侧和逆变侧的控制波形可以实现对输入波形频率和电压的变换，其主电路如图 6-14 所示。

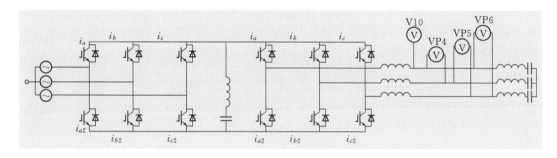

图 6-14　主电路图

其中 i_{a2}、i_{b2}、i_{c2} 对应的是 A、B、C 相的下桥臂驱动电流入口，i_a、i_b、i_c 对应的是 A、B、C 相的上桥臂驱动电流入口。V10 测量值为 A 相对地电压，VP4、VP5、VP6 测量值为 AB、BC、AC 间的线电压。

利用仿真对故障波形进行研究，在实际故障中，单只 IGBT 的对外故障总体来说只有开关管断路和开关管击穿两种。开关管断路一般是由开关管发热过大导致的，而开关管击穿一般表现为不受控短路现象，其余介于这两种极端故障之间的对外表象以此类推取近似。故对于单只开关管的两种故障，可将开关管直接切除和在模型中接导线旁路开关管来仿真其开路故障和短路故障。

图 6-15 为 IGBT 无故障时输出的线电压波形。

图 6-16（a）为整流侧某单管 IGBT 发生短路故障的线电压波形，图 6-16（b）为该单管 IGBT 发生开路故障的线电压波形。

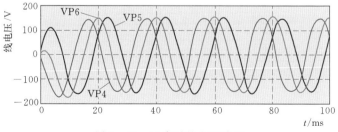

图 6-15　正常时的电压波形

对比正常情况下图 6-15 的电压输出波形，可以看出当单管出现故障时，图 6-16 表现的波形和正常时电压波形有区别，且在同一位置发生短路及开路故障时，所对应的输出电压波形不同，因此可以通过波形判断故障源和性质。

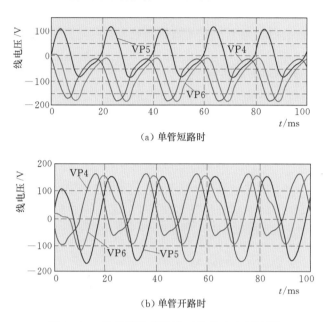

图 6-16　整流侧单管故障时的输出电压波形

不同桥臂两个 IGBT 管发生故障的电压波形如图 6-17 所示。图 6-17（a）为整流侧不同桥臂两单管 IGBT 发生短路故障的线电压波形，图 6-17（b）为两单管 IGBT 发生开路故障的线电压波形。

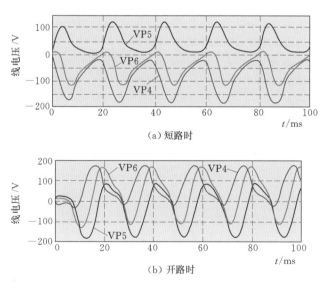

图 6-17　不同桥臂两管发生故障的电压波形

从图 6 - 15～图 6 - 17 的 IGBT 无故障和发生各种故障的不同故障波形中可以看出，故障后波形上有明显区别，因此通过对比故障前后时域波形进行故障源定位。

6.2.2.2　基于信号频域分析的故障诊断

系统器件发生故障时，利用输出波形进行故障诊断的方法中信号的时域电压波形虽然发生了变化，但其波形变化比较复杂，规律提取较难，可通过信号的频域分析技术解决上述难题。通过对上述故障波形进行频域分析，可以方便提取故障频域信息，进而定位故障源。

对图 6 - 15 的正常输出电压波形进行快速傅里叶变换（Fast Fourier Transform，FFT）得到的频谱图形如图 6 - 18 所示。从图 6 - 18 可以看出，正常运行状态下的变流器的 FFT 图，绝大部分能量都分布在工频 50Hz 处，三相波形都比较均衡，高次谐波很少，变流器变频效果比较理想。

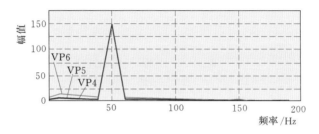

图 6 - 18　正常输出电压的频谱图

图 6 - 19 为变流器发生单管短路时的频谱图。从图 6 - 19 可以看出，当变流器发生单管短路时，基波分量出现了明显的衰减，幅值从 150 降到了 82 左右。在工频分量的整数倍处如 100Hz、150Hz、200Hz 等处明显出现了高次谐波，特别是工频分量的 1 倍频（100Hz）处，三相波形分布不再均衡，BC 线电压的分量 VP5 明显大于其他两相分支，呈现出故障态。

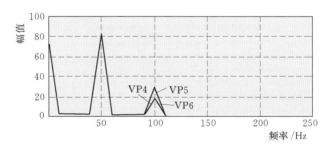

图 6 - 19　单管短路下输出电压的频谱图

图 6 - 20 为变流器同一管开路时的频谱图。从图 6 - 20 中不难发现，基波分量大部分仍能达到 120 左右，衰减却没有短路时严重，三相波形也是明显不平衡，100Hz 和 150Hz 处的分量也明显与短路时不同。

对比上述频谱图可以看出，在同一故障的不同位置以及不同故障时，与之对应频谱波形的分布、形状和大小都是不同的。可知根据输出电压的 FFT 变换波形可以判断变流器故障的发生位置和类型。

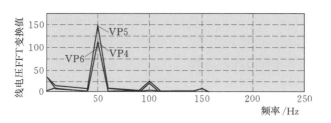

图 6 - 20　单管开路下输出电压的频谱图

6.2.2.3　基于神经网络的变流器故障诊断方法

将变流器的故障进行分类，然后让神经网络智能模型做分类器学习上述故障特征，利用神经网络进行变流器的故障诊断。

1. 神经网络模型

基于神经网络的变流器故障诊断方法，采用 4 层前向神经网络（包括输入层），学习算法是误差反向传播方法即 BP 神经网络，其拓扑结构如图 6 - 21 所示。

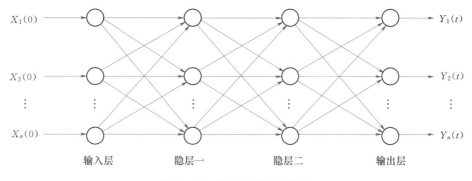

图 6 - 21　神经网络拓扑结构

节点的作用函数采用 Sigmoid 函数为

$$O_{i,k,h} = \frac{1}{1 + \exp(-h_{i,k,h}^{(r)})} \tag{6-1}$$

其中
$$h_{i,k,h}^{(r)} = \sum_{j=1}^{N_{k-1}} (W_{i,j,k}^{(r)} O_{j,k-1,h}^{(r)} + \theta_{ik}^{(r)}) \tag{6-2}$$

式中　$O_{i,k,h}$——第 r 步迭代、第 k 层、第 i 个神经元节点对于第 h 个样本输入时的输出；

$h_{i,k,h}^{(r)}$——第 r 步迭代、第 k 层、第 i 个神经元节点对于第 h 个样本输入时所接收到的上一层第 $k-1$ 层的输入总和；

$W_{i,j,k}^{(r)}$——第 r 步迭代、第 $k-1$ 层、第 j 个神经元节点对于第 k 层第 i 个神经元节点的权系数；

$\theta_{ik}^{(r)}$——第 i 步迭代、第 k 层、第 i 个神经元节点的阈值。

然后使用平方型误差函数：

$$E_h^{(r)} = \frac{1}{2} \sum_{j=1}^{N_4} (d_{ih} - O_{i,4,h}^{(r)})^2 \tag{6-3}$$

式中 d_{ih}——第 h 个样本输入时，输出层第 i 个神经元节点的期望输出。

H 个样本的总误差为

$$E^{(r)} = \sum_{h=1}^{H} E_h^{(r)} \qquad (6-4)$$

这里采用了批处理的学习方法。

2. 变流器故障分类

以含 6 个功率器件的整流环节为例，故障为变流器桥臂开路，则变流器故障大致分为以下 5 类：

（1）第 1 类（001）：没有电力电子器件故障。

（2）第 2 类（010）：只有 1 只管故障，其中有 6 种情况（小类），具体为 1# 管故障（001）、2# 管故障（010）、3# 管故障（011）、4# 管故障（100）、5# 管故障（101）、6# 管故障（110）。

（3）第 3 类（011）：接到同一相的两只管故障，其中有 3 种情况（小类），具体为 1# 管与 4# 管故障（001）、2# 管与 5# 管故障（010）、3# 管与 6# 管故障（011）。

（4）第 4 类（100）：在同一半桥中的两只管故障，其中有 6 种情况（小类），具体为 1# 管与 3# 管故障（001）、2# 管与 4# 管故障（010）、3# 管与 5# 管故障（011）、4# 管与 6# 管故障（100）、5# 管与 1# 管故障（101）、6# 管与 2# 管故障（110）。

（5）第 5 类（101）：交叉两只管故障，其中有 6 种情况（小类），具体为 1# 管与 2# 管故障（001）、2# 管与 3# 管故障（010）、3# 管与 4# 管故障（011）、4# 管与 5# 管故障（100）、5# 管与 6# 管故障（101）、6# 管与 1# 管故障（110）。

根据上述分类，则可以用六位二进制数作为故障代码唯一定位故障类型，前三位代表故障大类，后三位描述小类。如故障码 100101，则可对应于第 4 类故障中的 5# 管与 1# 管同时发生开路故障。

3. 故障诊断方法

定义神经网络的输出为 6 个节点，对应六位故障码。考虑到三相整流电路输出端的直流脉动电压 U_d 包含了功率器件故障的信息，由于故障时直流脉动电压会表现出不同的波形，因此将直流脉动电压 U_d 的 6 个频谱分量 U_d 电压的直流分量（a_0）及 1 次、2 次、3 次谐波幅值（A_1、A_2、A_3）和 1 次、2 次谐波相位（φ_1、φ_2）作为神经网络的 6 个输入，当采用足够多的样本数据训练好神经网络后，输入任意时刻直流脉动电压 U_d 的 6 个频谱分量，可根据神经网络的输出确定故障类型。

当输入不同时刻的 3 个 U_d 值的频谱分量，神经网络的输出见表 6-1。

表 6-1 不同时刻下的神经网络的输出

位数	位 7	位 6	位 5	位 4	位 3	位 2
时刻 1	0.00	0.01	1.00	0.00	0.01	0.00
时刻 2	0.00	1.00	1.00	0.00	0.00	0.99
时刻 3	1.00	0.00	0.98	1.00	1.00	0.01

从表 6-1 可以分析得到结论：第一个 U_d 对应的输出故障码为 001000，表明没有故障；第二个 U_d 对应的输出故障码为 011001，表明是第 3 类故障中的第 1 小类，即此时 $1^\#$ 功率管和 $4^\#$ 功率管发生了开路故障；第三个 U_d 对应的输出故障码为 101110，表明是第 5 类故障的第 3 小类，即此时 $3^\#$ 功率管和 $4^\#$ 功率管发生了开路故障。

6.3 变流器故障诊断案例

6.3.1 变流器 AD 采样零漂故障

2013 年东北某风电场一台双馈式风力发电机组，在待机状态下出现变流器网侧一相电流为 100 多 A，导致机组报故障，无法启动。后经检查，为变流器 AD 采样零漂故障。下文简述故障分析处理过程。

1. 变流器 AD 采样零漂定义

零漂，是零点漂移（Zero Drift）的简称，指在直接耦合放大电路中，当输入端无信号时，输出端的电压偏离初始值而上下漂动的现象。零漂是由温度的变化、电源电压的不稳定等原因造成的。

AD 采样零漂，即为在 AD（数字与模拟）采样过程中产生了零漂。

2. 故障现场信息

图 6-22 为 2013 年出现在东北某风电场的 AD 采样零漂故障时系统截屏图。

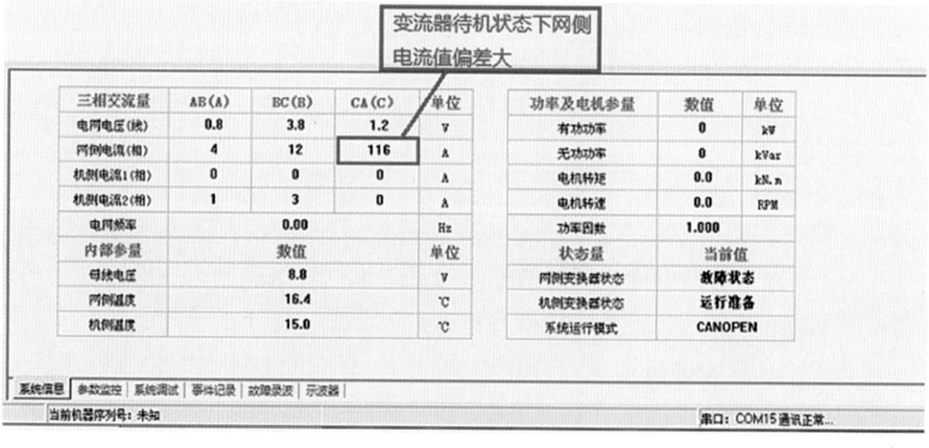

图 6-22 AD 采样零漂故障时系统截屏图

从图 6-22 可以看到，待机状态时，后台显示网侧电流为 116A，后台故障来源显示为网侧故障，故障名称为"AD 采样零漂过大"故障，显示故障来源是网侧 C 相电流检测回路。

3. 故障原因分析

AD 采样零漂过大故障的判断逻辑如图 6-23 所示。

第一种可能的原因：检测板和 DSP 板间的排线松动。

在逻辑图6-23中可知,排线的松动容易造成AD采样零漂故障。排线的连接如图6-24所示。

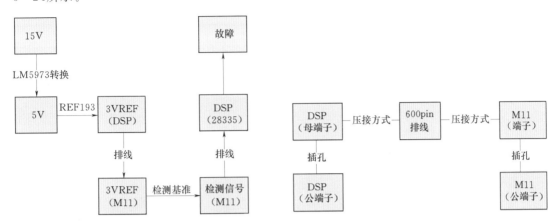

图6-23 AD采样零漂过大故障的判断逻辑 　　　　　　图6-24 排线的连接方式

根据图6-24可以得出,当排线出现松动时,排线的阻值就会发生变化,导致反馈到DSP板的信号就会出现偏差,使得后台报出"AD采样零漂过大"故障。

第二种可能的原因:信号检测器件出现了问题,比如电流互感器、检测板、电流检测传感器等器件故障时,其阻抗发生变化,导致DSP板检测出现零漂。

4. 故障现场处理

(1) 检查检测板到DSP板之间的排线是否连接可靠。

(2) 检测信号检测器件(如电流互感器、检测板、电流检测传感器)是否有故障。

(3) 经过检查发现检测板与DSP板之间的排线松动,拔掉后重新插紧排线,该故障消除。

6.3.2　变流器机侧网侧CAN通信故障

在南方某风电场一台双馈式风力发电机组,机组在正常运行过程中,屡次报变流器CAN通信故障,停机后故障又消除。下文简述该故障分析处理过程。

1. 变流器机侧网侧CAN通信故障的定义

变流器机侧网侧CAN通信故障是指变流器内部信号处理板机侧DSP与网侧DSP的CAN通信出现故障。

2. 故障原因分析

(1) 电源故障导致。图6-25为15V电源及DSP通信连接图,由图可以得出,当电源出现问题时,网侧DSP与机侧DSP的CAN通信就会出现故障。

(2) 数据帧丢失干扰部分导致。通过对CAN通信线干扰的研究,得出五种数据线测试数据,见表6-2。

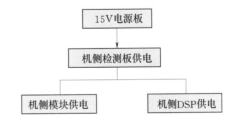

(a) 15V电源供电情况

(b) DSP通信

图6-25　15V电源及DSP通信连接

表 6-2　五 种 数 据 线 测 试 表

数据线		脉冲频率/kHz	脉冲群宽度/ms	错误数据个数
A	普通排线	20	15	110
		100	2.55	114
		500	0.5	35
B	普通排线去掉滤波电容	20	15	116
		100	2.55	94
		500	0.5	19
C	屏蔽线	20	15	56
		100	2.55	45
		500	0.5	14
D	屏蔽线屏蔽层接地	20	15	7
		100	2.55	8
		500	0.5	6
F	屏蔽线套磁环	20	15	0
		100	2.55	0
		500	0.5	0

从表 6-2 数据可知：

（1）屏蔽线比普通排线抗干扰能力高。

（2）屏蔽层接地对抗干扰无显著影响。

（3）滤波电容对通信干扰无影响。

（4）增加磁环能增强抗干扰能力。

图 6-26　给通信线缆套磁环

3. 故障诊断过程

通过变流器后台软件得知变流器报出 CAN 通信故障后，根据 CAN 通信故障的机理，进行如下故障排查诊断，具体步骤如下：

（1）检查系统电源，特别是 15V 电源板输出电压是否正常，电源板是否有损坏。

（2）检查 CAN 通信线缆连接是否正常，带屏蔽的通信线缆是否可靠接地。

（3）通过给通信线缆套磁环，增强信号线缆的抗干扰能力，如图 6-26 所示。

4. 故障诊断总结

通过对变流器内部 CAN 通信的了解，可以得出此故障总共与三个因素有关：①辅助电源；②线缆松动；③电磁干扰。因此在处理此故障时，可逐步排查上述三个故障因素来排除故障。

经排查，风力发电机组在 CAN 通信线缆上加装磁环后，故障消除。

6.3.3 变流器母线预充电故障

变流器由于直流侧存在大容量电容，因此在启动的时候需要进行预充电，预充电回路也是变流器最容易出现故障的回路之一。

1. 变流器母线预充电故障的定义

变流器母线预充电故障是指变流器完成预充电动作后，母线电压未在规定的时间内达到设定的电压区间值，而报出的故障；包括预充电超时、预充电欠压和预充电过压。

2. 变流器母线预充电过程

变流器进行预充电时，给母线进行充电，闭合预充电接触器 K_1，电网电压经过主回路熔丝 $FU_1 \sim FU_3$ 后进入预充电回路预充电回路典型电路图如图 6-27 所示。预充电具体过程为：电流经过熔丝 Q_2，软起接触器 K_2，限流电阻 $R_1 \sim R_3$，整流桥 BRG 给母线进行预充电，与此同时变流器通过检测板来检测母线电压，当母线电压达到要求值后，将断开接触器 K_1，完成预充电过程。

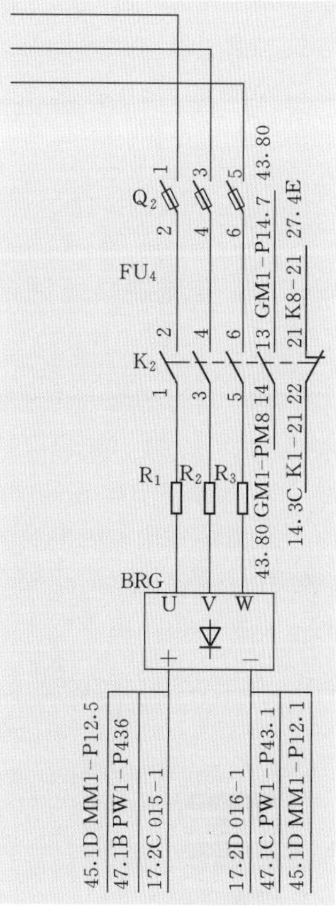

3. 故障诊断过程

当后台软件报出母线预充电故障后，根据预充电的启机过程所涉及的相关器件，并对照电路图，可对相应器件进行一一排查。具体步骤如下：

(1) 确认主断路器 Q_{10} 处于断开状态。

(2) 检查主回路熔丝 $FU_1 \sim FU_3$ 是否正常。

(3) 检查软起回路熔丝 Q_2、Q_{15}、Q_{16} 是否正常。

(4) 诊断软起电阻、整流桥是否正常。

(5) 检查软起回路的接线是否连接良好。

(6) 检查软起接触器 K_2 是否正常。

如果以上环节都正常，再对控制盒内部进行检查，包括母线电压检查线接触是否良好、电压检测板是否正常工作。控制盒内部情况如图 6-28 所示。

4. 故障诊断总结

先了解变流器的母线预充电过程，通过对预充电回路的检查以及采样回路的检查，就

图 6-27 预充电回路典型电路图

能很快地定位故障。在处理故障阶段一定要保证合理的检查手段，注意相关安全，防止触电。

经排查，通过检查该故障机组发现，预充电回路的预充电电阻烧毁断路，致使母线电压始终为 0，预充电过程无法完成，更换预充电电阻后，故障消除。

图 6-28 控制盒内部情况

6.3.4 变流器转子漏电流故障

1. 变流器转子漏电流过大故障的定义

变流器转子漏电流过大故障是指变流器转子三相电流和不为零且超出保护门限值的故障。

2. 故障现场信息

变流器报出漏电流过大故障时，变流器软件能详细记录故障时刻的相应参量的波形，包括转子电流、电网电压、定子电压等。图 6-25 为某风电场报出漏电流过大故障时，变流器保存的故障波形的截图。从图 6-25 中可以看出，故障时刻变流器的转子 A 相电流为零，另外两相电流波形相序也与正常运行时不同。

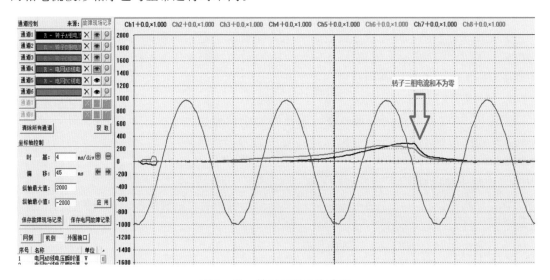

图 6-29 转子三相电流波形

3. 故障原因分析

根据转子漏电流过大的定义，可以得出转子漏电流过大的故障原因，主要有以下两方面：

（1）变流器内部问题。变流器功率模块及机侧电抗器某处出现对地（PE）短路、机侧输出模块故障、机侧电流检测故障等原因可能导致三相电流和不为零。

（2）变流器外部问题。变流器转子出线后端出现绝缘问题，导致变流器输出的三相电流和不为零。

4. 故障诊断过程

通过监控软件得知转子漏电流过大故障后，根据转子漏电流过大故障原因分析，进行故障排查诊断。具体步骤如下：

（1）将变流器的转子进行短接，进行开环启动，通过变流器后台软件对转子三相电流进行监控，查看三相电流和是否为零，相序是否正确，波形是否异常。

（2）确认变流器内部无故障后，就需要对转子出线后端进行检查，主要检查以下两点：

1）检查变流器转子出线口至电机端的电缆是否有破损，绝缘值是否满足要求，如果使用导电轨连接，则应重点排查导电轨的相间和对地是否有短路。

2）检查电机的绝缘是否存在问题。

5. 故障诊断总结

通过对变流器转子漏电流过大故障的了解，可以得出此故障主要与两个因素有关：①变流器内部机侧输出；②转子出线后端绝缘。因此在处理此故障时，可以通过后台软件初步定位，而后逐步排查，最终使故障得以解决。

在故障排查及处理时注意，在报转子漏电流故障时，往往伴随着转子过流等情况，原因是某处短路导致，一定要明确故障机理，合理运用后台示波器进行观察。

6.3.5 变流器并网接触器闭合失败故障

1. 故障定义

变流器的控制器发出并网命令后，在设定的时限内，未收到并网接触器反馈的闭合状态。变流器并网接触器闭合失败故障现场信息如图 6-30 所示。从图 6-30 可以看出，后台软件记录了故障时刻变流器的指令和响应。

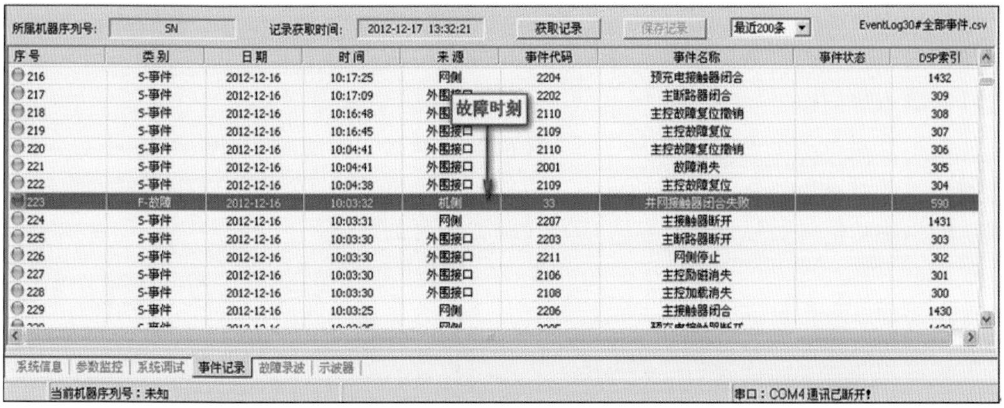

序号	类别	日期	时间	来源	事件代码	事件名称	事件状态	DSP索引
216	S-事件	2012-12-16	10:17:25	网侧	2204	预充电接触器闭合		1432
217	S-事件	2012-12-16	10:17:09	外围	2202	主断路器闭合		309
218	S-事件	2012-12-16	10:16:48	外围	2110	主控故障复位撤销		308
219	S-事件	2012-12-16	10:16:45	外围接口	2109	主控故障复位		307
220	S-事件	2012-12-16	10:04:41	外围接口	2110	主控故障复位撤销		306
221	S-事件	2012-12-16	10:04:41	外围接口	2001	故障消失		305
222	S-事件	2012-12-16	10:04:38	外围接口	2109	主控故障复位		304
223	F-故障	2012-12-16	10:03:32	机侧	33	并网接触器闭合失败		590
224	S-事件	2012-12-16	10:03:31	网侧	2207	主接触器断开		1431
225	S-事件	2012-12-16	10:03:30	外围接口	2203	主断路器断开		303
226	S-事件	2012-12-16	10:03:30	外围接口	2211	网侧停止		302
227	S-事件	2012-12-16	10:03:30	外围接口	2106	主控励磁消失		301
228	S-事件	2012-12-16	10:03:30	外围接口	2108	主控加载消失		300
229	S-事件	2012-12-16	10:03:25	网侧	2206	主接触器闭合		1430

图 6-30　并网接触器闭合失败的事件记录截图

2. 故障原因分析

可能的故障原因如下：

（1）并网接触器驱动回路出现问题，导致并网接触器无法闭合。

（2）并网接触器已经闭合，状态反馈回路出现问题，导致无法在设定的时限内反馈并网接触器的真实状态。

3. 故障处理过程

使用后台软件保存现场故障数据文件，并将故障录波文件装载到后台软件中，把定子电流、转子电流、定子电压等参量添加到通道中，并将光标放入故障时刻的波形上，如图 6-31 所示。

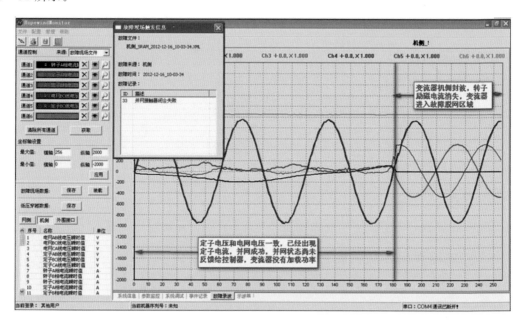

图 6-31 并网接触器闭合失败波形

由故障时刻的波形（图 6-30）可以看出，电网电压和定子电压一致，出现定子电流，故障脱网区域定子电流有增大的过程，说明并网接触器已经闭合。故障原因属于第二种情况，问题出现在反馈回路，确定了故障回路，就可以根据电路图来排除对应的反馈回路或反馈触点等问题。

如果示波器中未出现定子电流，那就可能是并网接触器的驱动回路或并网接触器本身存在问题，此时就需要通过在现场观察对应的驱动继电器是否动作，来判断驱动信号是否发出，如果驱动信号已经发出，就可能是接触器自身的故障。

4. 故障诊断总结

首先要通过后台软件来分析并网接触器是否闭合，如果并网接触器已经闭合，就要重点检查并网接触器的反馈回路；如果没有闭合，就要检查驱动信号是否发出，或者并网接触器。

参 考 文 献

[1] 王致杰，徐余法，刘三明，孙霞. 大型风力发电机组状态监测与智能故障诊断 [M]. 上海：上海交通大学出版社，2013.

[2] 中国可再生能源学会风能专业委员会（CWEA）. 2013 年中国风电装机容量统计 [J]. 风能，2014，2：44-55.

[3] 霍志红，郑源，等. 风力发电机组控制 [M]. 北京：中国水利水电出版社，2014.

[4] 徐大平，柳亦兵，吕跃刚. 风力发电原理 [M]. 北京：机械工业出版社，2011.

[5] Chin-Shun Tsai，Cheng-Tao Hsieh，Shyh-Jier Huang. Enhancement of Damage-Detection of Wind Turbine Blades Via CWT-Based Approaches [J]. IEEE Transactions on Energy Conversion，2006，21 (3)：776-781.

[6] 李大冰，吉荣廷，冯文秀. 风力发电机组叶片故障诊断 [J]. 节能技术，2013 (6)：534-536.

[7] 徐玉秀，王志强，梅元颖. 叶片振动响应的长度分形故障特征提取与诊断 [J]. 振动、测试与诊断，2011 (2)：190-192，266.

[8] 肖洪波，刘松松. 风电齿轮箱故障诊断实例分析 [J]. 机械工程师，2014 (4)：152-155.

[9] 周真，周浩，马德仲，张茹，蒋永清. 风电机组故障诊断中不确定性信息处理的贝叶斯网络方法 [J]. 哈尔滨理工大学学报，2014，19 (1)：64-68.

[10] 任清晨. 风力发电机组工作原理和技术基础 [M]. 北京：机械工业出版社，2010.

[11] 吴佳梁，胡杰，陈修强. 风力机安装、维护与故障诊断 [M]. 北京：化学工业出版社，2011.

[12] 钱雅云，马宏忠. 双馈异步电机故障诊断方法综述 [J]. 大电机技术，2011 (5)：5-8.

[13] 孙立军，吕志香，刘海丽，张春喜. 基于 DSO-2100 的异步电机转子偏心故障检测与诊断 [J]. 电机与控制学报，2005 (6)：20-23.

[14] Stefani A，Yazidi A，Filippetti A，et al. Doubly Fed Induction Machine Diagnosis Based on Signature Analysis of Rotor Modulating Signals [J]. IEEE Transactions on Industry Application，2008，44 (6)：1711-1721.

[15] 张云法，李明. 基于小波包分解的船舶发电机轴承故障检测 [J]. 电子设计工程，2013 (1)：99-102.

[16] 刘宇，谭伟，闻婧. 大型双馈风力发电机振动特性分析与故障诊断 [J]. 风机技术，2012 (4)：56-59.

[17] Dinkhauser V，Fuchs F W. Detection of Rotor Turn-to-turn Faults in Doubly-Fed Induction Generators in Wind Energy Plants by Means of Observers [C]. The 13th European Conference on Power Electronics and Applications，Kiel，Germany，2009：1-10.

[18] 何山，王维庆，张新燕，陈洁，王海云. 基于类神经网络的 MW 永磁风力发电机短路故障智能诊断 [J]. 电机与控制应用，大电机技术，2011，38 (9)：24-29.

[19] 邵联合，张梅有，吴俊华. 风力发电机组运行维护与调试 [M]. 北京：化学工业出版社，2011.

[20] 刘万琨，张志英，李银凤，赵萍. 风能与风力发电技术 [M]. 北京：化学工业出版社，2007.

[21] 甘槐樟，周鑫盛. 风电场风机变桨系统故障分析 [J]. 湖南电力，2012，32 (6)：35-37.

[22] 杨明明. 大型风电机组故障模式统计分析及故障诊断 [D]. 北京：华北电力大学，2009.

[23] 李学伟. 基于数据挖掘的风电机组状态预测及变桨系统异常识别 [D]. 重庆：重庆大学，2012.

[24] 张晓波. 风力发电机组变频器故障诊断研究 [D]. 乌鲁木齐：新疆大学，2009.

[25] 于辉，邓英. 变速风力发电机变流器故障诊断方法 [J]. 可再生能源，2010，28 (3)：89-92.

本书编辑出版人员名单

责任编辑　王　梅　李　莉

封面设计　李　菲

版式设计　黄云燕

责任校对　张　莉　黄　梅

责任印制　崔志强　王　凌